四川省工程建设地方标准

四川省绿色建筑设计标准

Design Standard for Green Building in Sichuan Province

DBJ51/T 037－2015

编制单位：中国建筑西南设计研究院有限公司
　　　　　四 川 省 建 筑 设 计 研 究 院
　　　　　成 都 市 建 筑 设 计 研 究 院
　　　　　四 川 省 建 筑 科 学 研 究 院
批准部门：四 川 省 住 房 和 城 乡 建 设 厅
施行日期：2 0 1 5 年 4 月 1 日

西南交通大学出版社

2015　成都

图书在版编目（ＣＩＰ）数据

四川省绿色建筑设计标准 / 中国建筑西南设计研究
院有限公司，四川省建筑设计研究院主编. —成都：西
南交通大学出版社，2015.4（2018.1 重印）
　（四川省工程建设地方标准）
ISBN 978-7-5643-3832-9

Ⅰ. ①四… Ⅱ. ①中… ②四… Ⅲ. ①生态建筑 – 建
筑设计 – 设计标准 – 四川省 Ⅳ. ①TU2-65
中国版本图书馆 CIP 数据核字（2015）第 061476 号

四川省工程建设地方标准
四川省绿色建筑设计标准
主编单位　中国建筑西南设计研究院有限公司
　　　　　四川省建筑设计研究院

责 任 编 辑	胡晗欣
封 面 设 计	原谋书装
	西南交通大学出版社
出 版 发 行	（四川省成都市二环路北一段 111 号 西南交通大学创新大厦 21 楼）
发行部电话	028-87600564　028-87600533
邮 政 编 码	610031
网　　　址	http://www.xnjdcbs.com
印　　　刷	成都蜀通印务有限责任公司
成 品 尺 寸	140 mm × 203 mm
印　　　张	4.75
字　　　数	121 千字
版　　　次	2015 年 4 月第 1 版
印　　　次	2018 年 1 月第 3 次
书　　　号	ISBN 978-7-5643-3832-9
定　　　价	35.00 元

关于发布四川省工程建设地方标准
《四川省绿色建筑设计标准》的通知

各市州及扩权试点县住房城乡建设行政主管部门，各有关单位：

由中国建筑西南设计研究院有限公司、四川省建筑设计研究院、成都市建筑设计研究院、四川省建筑科学研究院编制的《四川省绿色建筑设计标准》，已经我厅组织专家审查通过，现批准为四川省推荐性工程建设地方标准，编号为：DBJ51/T 037 - 2015，自 2015 年 4 月 1 日起在全省实施。

该标准由四川省住房和城乡建设厅负责管理，中国建筑西南设计研究院有限公司负责技术内容解释。

四川省住房和城乡建设厅
2015 年 1 月 16 日

前　言

　　根据四川省住房和城乡建设厅《关于下达四川省工程建设地方标准〈四川省绿色建筑设计标准〉编制计划的通知》（川建标发〔2014〕380号）的要求，标准编制组经广泛调查研究，认真总结实践经验，参考国内和地方标准以及相关工程经验，并在广泛征求意见的基础上，制定本标准。

　　本标准共分为11章，主要技术内容是：1 总则；2 术语；3 基本规定；4 绿色建筑设计策划；5 场地与室外环境；6 建筑设计与室内环境；7 建筑材料及建筑工业化；8 给水排水；9 暖通空调设计；10 建筑电气；11 太阳能利用。

　　本标准由四川省住房和城乡建设厅负责管理，由中国建筑西南设计研究院有限公司负责具体技术内容的解释。执行过程中如有意见或建议，请寄送中国建筑西南设计研究院有限公司绿色建筑设计研究中心（地址：四川省成都市天府大道北段866号；邮编：610042；联系人：窦枚；E-mail：dmei36@126.com；联系电话：028-62551514）。

　　本标准编制单位：中国建筑西南设计研究院有限公司
　　　　　　　　　　四川省建筑设计研究院
　　　　　　　　　　成都市建筑设计研究院
　　　　　　　　　　四川省建筑科学研究院

本标准主要起草人：冯　雅　秦盛民　贺　刚　刘　民

戎向阳　邹秋生　涂　舸　廖　楷

杜毅威　黎　力　陈佩佩　高庆龙

窦　枚　郭　艳　司鹏飞　章一萍

石利军　隗　萍　王家良　钟辉智

胡　斌　刘东升　王　曦　余　斌

本标准主要审查人员：刘小舟　王　洪　唐　明　李　强

秦　钢　徐斌斌　董　靓

目 次

Contents

1 总　则

1.0.1 为贯彻执行节约资源和保护环境的基本国策，推进建筑业的可持续发展，规范我省绿色建筑设计，特制定本标准。

1.0.2 本标准适用于四川省新建、改建和扩建的绿色建筑设计。

1.0.3 绿色建筑设计应统筹考虑建筑全寿命期内，满足建筑功能和节能、节地、节水、节材、保护环境之间的辩证关系，体现经济效益、社会效益和环境效益的统一；应降低建筑行为对自然环境的影响，遵循健康、简约、高效的设计理念，实现人、建筑与自然和谐共生。

1.0.4 绿色建筑设计除应符合本标准的规定外，尚应符合国家和我省现行有关标准的规定。

2 术 语

2.0.1 绿色建筑 green building

在建筑的全寿命期内,最大限度地节约资源(节能、节地、节水、节材)、保护环境和减少污染,为人们提供健康、适用和高效的使用空间,与自然和谐共生的建筑。

2.0.2 被动措施 passive techniques

直接利用阳光、风力、气温、湿度、地形、植物等现场自然条件,通过优化建筑设计,采用非机械、不耗能或少耗能的方式,提高室内外环境性能。通常包括天然采光、自然通风、围护结构的保温、隔热、遮阳、蓄热、雨水入渗等措施。

2.0.3 主动措施 active techniques

通过采用消耗能源的机械系统,改善室内外环境质量。通常包括采暖、空调、机械通风、人工照明等措施。

2.0.4 可再利用材料 reusable material

不改变物质形态可直接利用的,或经过组合,修复后可直接再利用的回收材料。

2.0.5 可再循环材料 recyclable material

通过改变物质形态可实现循环利用的回收材料。

2.0.6 绿色建筑增量成本 incremental cost of green building

因实施绿色建筑理念和策略而产生的投资成本的增加值或减少值。

2.0.7 建筑全寿命期 building life cycle

建筑从建造、使用到拆除的全过程。包括原材料的获取，建筑材料与构配件的加工制造，现场施工与安装，建筑的运行和维护，以及建筑最终的拆除与处置。

3 基本规定

3.0.1 绿色建筑设计应综合建筑全寿命周期的技术与经济特性，采用有利于促进建筑与环境可持续发展的场地、建筑形式、技术、设备和材料。

3.0.2 绿色建筑设计应体现共享、平衡、集成的理念。在设计过程中，规划、建筑、结构、给水排水、暖通空调、燃气、电气与智能化、室内设计、景观、经济等各专业应紧密配合。

3.0.3 绿色建筑设计应遵循因地制宜的原则，结合建筑所在地域的气候、资源、生态环境、经济、人文等特点进行。

3.0.4 绿色建筑设计前期应进行绿色建筑设计策划。

3.0.5 在进行绿色建筑设计时，方案和初步设计阶段的设计文件应有绿色建筑设计专篇，施工图设计文件中应注明对绿色建筑施工与建筑运营管理的技术要求。

4 绿色建筑设计策划

4.1 一般规定

4.1.1 在项目的策划阶段应进行绿色建筑策划，并编制绿色建筑策划书。

4.1.2 绿色建筑策划目标中应明确绿色建筑的项目定位、为达到国家及四川省相关绿色建筑评价标准的相应等级的目标以及对应的技术策略、增量成本与效益分析。

4.2 策划内容

4.2.1 绿色建筑策划应包括以下内容：

1 项目前期调研；

2 项目定位与目标分析；

3 绿色建筑技术方案与实施策略分析；

4 绿色技术措施经济可行性分析。

4.2.2 绿色建筑策划的前期调研应包括下列内容：

1 场地调研：包括地理位置、场地生态环境、场地气候环境、地形地貌、场地周边环境、道路交通及市政基础设施规划条件等；

2 市场调研：包括建设项目的功能要求、市场需求、使用模式、技术条件等；

3 社会环境调研：包括区域资源、人文环境与生活质量、区域经济水平与发展空间、周边公众意见与建议、所在区域的绿色建筑的激励政策等。

4.2.3 绿色建筑的项目定位与目标分析应包括下列内容：

    1 分析项目的自身特点和要求；

    2 分析并达到现行国家标准《绿色建筑评价标准》GB/T50378 或《四川省绿色建筑评价标准》DBJ51/T009 等标准的相关等级的要求；

    3 确定适宜的实施目标，满足相应的指标要求。

4.2.4 制定项目绿色建筑技术方案与实施策略，并宜满足下列要求：

    1 选用适宜的、被动的技术；

    2 选用集成技术；

    3 选用高性能的建筑产品、设备和绿色环保的建筑材料；

    4 对现有条件不满足绿色建筑目标的，采取补偿措施。

4.2.5 绿色技术措施的技术经济可行性分析应包括以下内容：

    1 技术可行性分析；

    2 经济性分析；

    3 环境与社会效益分析；

    4 风险分析。

5 场地与室外环境

5.1 一般规定

5.1.1 场地规划应符合四川省各地城乡规划管理的规定要求，不破坏自然水系、湿地、基本农田、森林和其他保护区，且符合各类保护区、历史建筑及文物的保护和控制要求。

5.1.2 场地资源的利用应不超出环境承载力。应通过控制场地开发强度和选用适宜的场地资源利用技术，满足场地和建筑可持续运营的要求。

5.1.3 绿色建筑规划设计应根据场地资源、气候条件和项目特点，按照因地制宜的原则，采用适宜的技术和措施，降低资源消耗，因势利导地利用各类环境因素，营造出健康、舒适且生态持续的室外环境。

5.1.4 提高场地空间利用效率，节约集约利用土地，并满足下列要求：

    1 居住建筑人均用地指标满足低层 ≤ 43 m^2、多层 $\leq$ 28 m^2、中高层 ≤ 24 m^2、高层 ≤ 15 m^2；

    2 公共建筑容积率应符合当地规划管理技术规定的要求。

5.1.5 合理集中按规划配置场地的公共服务设施，并与周边区域共享和互补。

5.1.6 建立和完善生态修复措施，保护生态环境，促进人与自然和谐发展。

5.1.7 室外环境设计应综合考虑景观环境各要素之间的相互联系。

5.2 场地选址及设计要求

5.2.1 场地选址应进行适宜性评价，同时应保证对周围环境的影响符合环境安全性评价要求。

5.2.2 宜优先选择可更新改造用地或废弃地，对被污染的废弃场地必须进行处理并达到相关标准。仓储用地及工业用地改造利用应符合环境安全性评价要求。

5.2.3 宜选择具有良好基础设施条件的地区，并根据基础设施承载能力进行建设容量的复核。

5.2.4 在场地用地选择及用地布局时应同时进行用地竖向规划，场地的竖向规划应综合考虑场地现状地形，各项工程建设场地，工程管线敷设的高程，以及城市道路、交通运输、广场的技术要求，用地地面排水及城市防洪、排涝，场地土石方平衡等各项要求。

5.2.5 所选择的场地周围至少有一条公共交通线路与城市中心区或其他主要交通换乘站直接联系。并有与周边公共设施、公交站点便捷连通的步行道、自行车道，方便慢行交通出行。

5.3 场地资源利用与环境保护

5.3.1 应对场地内外可利用的自然资源、市政基础设施和公共服务设施进行调查评估，确定合理的利用方式并满足下列要求：

1 合理利用场地浅层土壤资源，妥善回收和利用无污染的地表土；

2 充分利用场地及周边已有的市政基础设施和公共服务设施，避免重复建设，提高公共服务设施的利用效率和服务品质；

3 提高土地利用效率，合理规划和适度开发地下空间。

5.3.2 应对场地内可利用的可再生能源进行勘察与评估。

5.3.3 利用地下水、地表水资源时，应取得政府相关部门的许可，并对地下水系进行调查评估。采取合理防护措施，不得对地下水环境产生不利影响。当地区整体改建时，原则上场地内改建后的径流量不得超过原有径流量。

5.3.4 应将场地内有保护和利用价值的既有建筑纳入场地规划范围。

5.3.5 场地内的生态环境保护，应满足下列要求：

1 合理利用原有地形、地貌，降低开发活动对场地及周边环境生态系统产生的不利影响；

2 建设场地应避免靠近水源保护区；

3 应维持场地原有的水文条件，不应破坏场地与周边原有水系的关系。

5.3.6 应对场地的生物资源情况进行调查，保护场地及周边的生态平衡和生物多样性，并满足下列要求：

1 调查场地内的植物资源，最大化保留原有植被，对古树名木采取保护措施；

2 调查场地及周边地区的动物资源分布和活动规律，规划利于动物跨越迁徙的生态走廊；

3 当场地生物资源遭到破坏时，应采取措施恢复或补偿其原有生物的生存条件。

5.3.7 应进行场地雨洪控制，合理规划场地雨水径流，并应满足以下要求：

1 制定雨洪保护规划，保持河道、景观水系的滞洪、蓄洪及排洪能力；

2 采取措施加强雨水渗透对地下水的补给，保持场地自然渗透能力及地下水体的自然蓄水能力；

3 因地制宜地采取雨水收集与利用措施；

4 制定水土保持规划，避免水土流失。

5.4 场地设计与室外环境

5.4.1 场地规划与设计应顺应当地气候特征，尊重地域文化和生活方式的差异。

5.4.2 场地光环境应满足下列要求：

1 住宅日照标准应满足国家、地方标准或当地规划管理部门的相关规定，有日照要求的公共建筑应满足相关标准对日照的要求；

2 场地建筑的规划布局在满足日照标准的同时，不应降低周边有日照要求建筑及场地的日照标准；

3 建筑朝向、布局应有利于获得良好的日照，宜采用日照模拟分析确定最优朝向；

4 场地和道路的照明设计应控制直射光及地面反射光的眩光影响;

5 建筑外立面的设计与选材应能有效避免光污染。

5.4.3 场地风环境应满足下列要求:

1 建筑规划布局应营造良好的风环境,保证室内、外良好的自然通风,减少气流对区域微环境的不利影响,营造良好的夏季和过渡季自然通风条件;

2 在寒冷和严寒地区,建筑规划时应避开冬季不利风向,并宜通过设置防风墙、板、植物防风带、微地形等挡风措施来阻隔冬季冷风;

3 建筑布局不宜采用完全封闭的围合空间,宜结合地形特点采用多种排列方式使建筑前后形成压差,促进建筑自然通风;

4 应通过场地风环境的模拟预测优化建筑规划布局;

5 无风或少风区域的场地内,宜采用架空层的方式疏导自然气流;

6 宜通过场地污染物浓度的模拟预测优化建筑功能布局和场地污染源位置。

5.4.4 场地声环境设计应符合现行国家标准的规定。对项目实施后的环境噪声进行预测。设计要求如下:

1 声环境要求高的建筑应远离噪声源;

2 对噪声源应采取隔声、降噪措施进行有效控制;

3 当建筑与高速公路或快速道路相邻时,宜进行噪声专项分析,除采取声屏障或降噪路面等措施外,还应符合相关规范的退让要求。

5.4.5 场地设计宜采取下列措施降低热岛效应：

1 建筑布局应有效利用自然通风；

2 宜设置渗水地面；

3 应采用种植高大乔木等方式为停车场、人行道和广场等提供遮阳措施；

4 宜采用立体绿化、复层绿化方式，合理进行植物配置，有条件宜通过水景设计调节微气候；

5 宜采用模拟技术预测分析夏季典型日的热岛强度和室外热舒适性，优化规划设计方案。

5.4.6 场地交通设计应满足以下要求：

1 场地内道路系统应便捷顺畅，满足消防、救护、无障碍及减灾救灾等要求；

2 规划建设场地的对外出入口不宜少于 2 个，并与周边现有交通网络对接；

3 场地内可规划公共交通设施用地，并规划与周边交通设施便捷连通的通道；

4 场地内应结合绿化景观设计完善步行道系统，提供配套的休憩设施，并综合考虑遮荫、排水要求；

5 人行通道应安全、舒适，满足无障碍设计要求，且与场地外人行通道无障碍连通；

6 机动车停车应满足节约用地的要求，合理规划机动车停车位数量，并优先采用地下停车和立体停车的方式，平面布置宜相对集中，减少车辆通行对行人和环境的影响，在临近建筑主入口处设置残疾人专用停车位；

  7 停车设施及相关公共设施宜对外开放。

5.4.7 场地内应无超标污染物排放，应在总平面中合理设置垃圾分类收集用房，并满足当地规划部门要求。

5.4.8 应合理利用地形高差，减少场地内挡土墙高度与横跨山谷的路桥高度，遵循"就近合理平衡"的原则，根据规划建设时序，分工程或分地段充分利用周围有利的取土和弃土条件进行平衡。

5.4.9 场地设计中的土方平衡，应满足下列要求：

  1 必须综合考虑工程和现场情况、工程进度要求和土方施工方法以及分期分批的土方堆放和调运问题；

  2 应注意挖方和填方的平衡，在挖方的同时进行填方，减少重复倒运；

  3 运输路线和路程合理，运距最短，总土方运输量和运输费用最小；

  4 挖填方中的优质土壤宜堆放在回填质量要求较高的绿化种植区内，合理利用工程性质良好的废弃土和较差的废弃土，减小环境污染。

5.5 景观环境设计

5.5.1 室外硬质地面铺装材料的选择应遵循平整、耐磨、防滑、透水的原则。硬质铺装地面中透水铺装率不小于50%，同时透水铺装垫层应采用透水构造做法。

5.5.2 室外道路、广场应进行无障碍设计。并应满足《无障碍设计规范》GB 50763 的规定。

5.5.3 室外道路、广场设计应考虑设置遮阳、挡风、避雨等设施。室外停车场的设计应考虑遮阳、减噪、视觉要求、无障碍等多种因素。

5.5.4 运动场馆和健身设施的配套应满足《城市居住区规划设计规范》GB 50180 的规定，用地面积应满足《城市社区体育设施建设用地指标》的要求，并宜满足下列要求：

1 户外运动场地宜集中设置，方便人员到达；

2 健身设施和绿地结合布置，可根据居民楼的分布分散布置于各楼之间，且考虑老年人专用健身器材；

3 健身场地有良好的日照与通风，宜设置避雨设施和足够的休息设施；

4 儿童游乐场地应选择阳光充足、风环境良好的区域，宜为开敞式，保证良好的可通视性，应与主要道路和居民窗户保持一定距离。场地内必须选用安全、尺度合适的设施，宜设儿童专用的冲洗池。

5.5.5 景观小品的设计应优先考虑选择本地材料、可再循环利用材料、环保材料。亭榭、雕塑、艺术装置等小品的设计宜考虑其遮阳、避风，并有良好的视觉观赏空间。

5.5.6 室外的供热站或热交换站、变电室、开闭所、路灯配电室、燃气调压站、高压水泵房、公共厕所、垃圾转运站和收集点、居民存车处、居民停车场（库）、等公用设施宜在不影响其功能和警示的前提下，合理布置并进行遮护、围挡、或美化设计。

5.5.7 种植设计应符合场地的使用功能、绿化安全间距、绿化效果及绿化养护要求，以提高绿化系统的遮荫、防噪、防风和净化空气功能，优化并改善场地声环境、光环境、热环境等，通过植物自身的特征营造宜人的场地微气候。当集中绿地位于地下室顶板上时，其覆土厚度不宜小于 1.5 m。当场地栽植土壤条件影响植物正常生长时，应进行土壤改良。

5.5.8 种植设计以乡土植物开发利用为主，兼顾引种，本地植物指数宜不低于 70%。并应根据植物的生态习性综合场地特征等进行配植，宜满足下列要求：

1 遵循植物多样性原则，重视多种植物的合理配置；

2 宜采用以植物群落为主，乔木、灌木、草坪、地被植物相结合的复层绿化方式，绿化用地内绿化覆盖率应大于70%。

5.5.9 合理利用空间进行屋顶绿化、垂直绿化。

5.5.10 实土绿化场地宜采用下凹式绿地，下凹式绿地内的种植设计宜选择耐水湿的植物，实土绿化下凹式绿地率不宜低于 50%。

5.5.11 新建住区绿地率应 ≥30%，人均公共绿地面积不低于 1.0 m^2；旧区改建绿地率 ≥25%，人均公共绿地不低于 0.7 m^2；公共建筑的绿地率应满足当地规划部门要求，并宜向社会开放。

5.5.12 场地内水景设计应满足下列要求：

1 场地内原有自然水体如湖面、河流和湿地在满足规划设计要求的基础上宜保留，并结合现状进行生态化设计；

2 应最大程度发挥水体的生态效应，调节场地微气候，降低场地热岛效应；

3 应结合场地气候条件、地形地貌、水源条件、雨水利用方式、雨水调蓄要求等，综合考虑场地内水量平衡情况，结合雨水收集等设施确定合理的水景规模；

4 人工水景的设计应注重季节变化对水景效果的影响，充分考虑枯水期的效果，需要与周边环境相协调。

5.5.13 合理确定雨水入渗范围，采取雨水入渗措施，入渗地面面积（含绿地面积）不宜少于项目除屋面面积之外的占地面积的 50%。

1 雨水入渗可根据现场条件，选择绿地入渗、透水铺装入渗、浅沟或洼地入渗、浅沟渗渠组合入渗、渗透管-排放系统等方式；

2 雨水入渗可选择缝隙透水和自透水材料，包括：透水砖、草坪砖、透水沥青、透水混凝土等；

3 广场、人行道、停车场、园林小径、非机动车道、居住小区内部小流量机动车道等适宜建设入渗下垫面系统。

5.5.14 水景用水水源不得采用市政自来水和地下井水，在无法提供非传统水源的用地内不应设计人工水景。宜采用过滤、循环、净化、充氧等技术措施，或采取水生态技术保证人工水体的美观性及功能性。

5.5.15 景观照明设计应满足下列要求：

1 景观照明设计应采取绿色照明，根据室外环境进行照明规划和设计，有效限制光污染；

2 公共建筑的景观照明控制应按平日、一般节日、重大节日分组控制；

3 景观照明应考虑生态和环保的要求，避免长时间照射植物，不应对珍稀名木古树近距离照明；

4 景观照明的光源、灯具及其附件选择应满足《城市夜景照明设计规范》JGJ/T 163 第 3.2 节规定。景观照明灯具的选择除满足照明功能外，还应注重白天的造景效果。

5 条件允许情况下，景观照明设施可结合光伏发电、风力发电等设施进行一体化设计。

6 建筑设计与室内环境

6.1 一般规定

6.1.1 建筑设计应按照被动优先的原则，充分利用自然采光、自然通风，采用围护结构保温、隔热、遮阳等措施，降低建筑的采暖、空调和照明系统的负荷，提高室内舒适度。

6.1.2 根据所在地区地理与气候条件，宜采用最佳朝向或适宜朝向。当建筑处于不利朝向时，宜采取补偿措施。

6.1.3 建筑形体设计应根据周围环境、场地条件和建筑布局，综合考虑场地内外建筑日照、自然通风与噪声等因素，确定适宜的形体。

6.1.4 建筑造型应简约，并符合下列要求：

    1 应符合建筑功能和技术的要求，结构及构造合理；

    2 不宜采用纯装饰性构件。

6.1.5 在满足使用功能和性能的前提下，应控制建筑规模与空间体量。建筑体量宜紧凑集中，宜采用较低的建筑层高。

6.1.6 择优选用建筑形体。建筑形体的规则性应根据国家标准《建筑抗震设计规范》GB 50011 的有关规定进行划分。

6.2 空间合理利用

6.2.1 建筑设计应提高空间利用效率，提倡建筑空间与设施的共享。在满足使用功能的前提下，宜减少交通等辅助空间的面积，并宜避免不必要的高大空间。

6.2.2 建筑设计应根据功能变化的预期需求，选择适宜的开间和层高。

6.2.3 建筑设计应根据使用功能要求，充分利用外部自然条件，并宜将人员长期停留的房间布置在有良好日照、采光、自然通风和视野的位置，住宅卧室、医院病房、旅馆客房等空间布置应避免视线干扰。

6.2.4 室内环境需求相同或相近的空间宜集中布置。

6.2.5 有噪声、振动、电磁辐射、空气污染的房间应远离有安静要求、人员长期居住或工作的房间或场所；当相邻设置时，应采取有效的防护措施。

6.2.6 设备机房、管道井宜靠近负荷中心布置。机房、管道井的设置应便于设备和管道的维修、改造和更换。

6.2.7 设电梯的公共建筑的楼梯应便于日常使用，该楼梯的设计宜符合下列要求：

　　1 楼梯宜靠近建筑主出入口及门厅，各层均应靠近电梯等候梯厅，楼梯间入口应设清晰易见的指示标志；

　　2 楼梯间在地面以上各层宜有自然通风和天然采光。

6.2.8 建筑设计应为绿色出行提供便利条件，并应符合下列要求：

　　1 应有便捷的自行车库，并应设置自行车服务设施，有条件的应设置配套淋浴、更衣设施；

　　2 建筑出入口位置应方便利用公共交通及步行者出行。

6.2.9 宜利用连廊、架空层、上人屋面等设置公共步行通道、公共活动空间、公共开放空间，且设置完善的无障碍设施，满足全天候的使用需求。

6.2.10 宜充分利用建筑的坡屋顶空间，并宜合理开发利用地下空间。

6.3 自然采光

6.3.1 建筑规划布局、建筑的体形、朝向、楼距应充分利用天然采光，房间的有效采光面积和采光系数除应符合国家现行标准《民用建筑设计通则》GB 50352 和《建筑采光设计标准》GB/T 50033 的要求外，宜满足下列要求：

    1 居住建筑的公共空间宜自然采光，其采光系数不宜低于 0.5%；

    2 办公、宾馆类建筑 75%以上的主要功能空间室内采光系数不宜低于现行国家标准《建筑采光设计标准》GB/T 50033 的要求；

    3 地下空间宜自然采光；

    4 利用自然采光时应避免产生眩光；

    5 设置遮阳措施时应满足日照和采光标准的要求。

6.3.2 可采用下列措施改善室内的自然采光：

    1 采用采光井、采光天窗、棱镜玻璃窗、下沉广场、半地下室等措施；

    2 采用反光板、散光板、集光导光设备等措施。

6.4 自然通风

6.4.1 建筑平面布局、空间组织、剖面设计和门窗设置应有利于室内自然通风。宜对建筑室内风环境进行计算机模拟，优化自然通风设计。

6.4.2 房间平面宜采取有利于形成穿堂风的布局，避免单侧通风的布局。严寒、寒冷地区与夏热冬冷地区的自然通风设计应兼顾冬季防寒要求。

6.4.3 外窗的位置、方向和开启方式应合理设计；外窗的开启面积应符合国家现行有关标准的要求。

6.4.4 可采取下列措施加强建筑室内的自然通风：

　　1 采用导风墙、捕风窗、拔风井、太阳能拔风道等诱导气流的措施；

　　2 设有中庭的建筑宜在适宜季节利用烟囱效应引导热压通风；

　　3 住宅建筑可设置通风器，有组织地引导自然通风。

6.4.5 可采取下列措施加强地下空间的自然通风：

　　1 设计可直接通风的半地下室；

　　2 地下室局部设置下沉式庭院；

　　3 地下室设置通风井、窗井。

6.4.6 当采用自然通风器时，应有方便灵活的开关调节装置，应易于操作和维修，宜有过滤和隔声措施。

6.5 围护结构

6.5.1 建筑物的体形系数、窗墙面积比、围护结构的热工性能、外窗的气密性能、屋顶透明部分面积比等，应符合国家及四川省现行节能设计标准的规定。

6.5.2 外窗宜设置外遮阳措施，其中天窗、东西向外窗宜设置活动外遮阳。

6.5.3 外墙设计可采用下列保温隔热措施：

    1 严寒、寒冷地区宜采用外墙外保温技术，防止出现热桥；

    2 夏热冬冷地区外墙宜采用浅色饰面材料或热反射型涂料；

    3 有条件时外墙设置通风间层；

    4 夏热冬冷地区东、西向外墙采取遮阳隔热措施。

6.5.4 外窗设计应符合下列要求：

    1 严寒、寒冷地区不应设置凸窗和屋顶天窗，夏热冬冷地区宜避免设置大量凸窗和屋顶天窗；

    2 外窗或幕墙与外墙之间缝隙应采用高效保温材料填充并用密封材料嵌缝；

    3 采用外墙保温时，窗洞口相应周边墙面应作保温处理，凸窗的上下及侧向非透明墙体应作保温处理。

6.5.5 屋顶设计可采用下列保温隔热措施：

    1 屋面选用浅色屋面或热反射型涂料；

    2 平屋顶设置架空通风层，坡屋顶设置可通风的阁楼层；

    3 设置种植屋面；

    4 屋面设置遮阳措施。

6.6 室内声环境

6.6.1 建筑主要用房的室内允许噪声级、围护结构的空气声隔声标准及楼板撞击声应满足现行国家标准《民用建筑隔声设计规范》GB 50118 中的低限要求。

6.6.2 毗邻城市交通干道的建筑，应加强外窗的隔声性能。宜把对噪声不敏感的房间布置在临噪声源一侧；进行合理的分区，把产生高噪声级的房间与其他房间分开，并将噪声源集中布置。

6.6.3 交通干线、铁路线旁边，噪声敏感建筑物的声环境达不到现行国家标准《声环境质量标准》GB3096 的规定时，可在噪声源与噪声敏感建筑物之间采取设置声屏障等隔声措施。

6.6.4 可采用弹性面层、弹性垫层、隔声吊顶等措施加强楼板的撞击声隔声性能。

6.6.5 建筑采用轻型屋盖时，宜对屋面板做隔绝雨噪声的处理。

6.6.6 应对建筑内主要噪声源及相应管道做隔声减振处理。

6.7 室内空气质量

6.7.1 建筑材料中甲醛、苯、氨、氡等有害物质限量应符合现行国家标准《室内装饰装修材料人造板及其制品中甲醛释放限量》GB 18580、《室内装饰装修材料混凝土外加剂释放氨的限量》GB 18588、《建筑材料放射性核素限量》GB 6566 和《民用建筑工程室内环境污染控制规范》GB 50325 的要求。

6.7.2 吸烟室、复印室、打印室、垃圾间、清洁间等产生异味或污染物的房间应与其他房间分开设置。室外吸烟区与建筑主入口的距离应不小于 8 m。

6.7.3 公共建筑的主要出入口宜设置具有刮泥地垫、刮泥板等截尘功能的设施。

6.7.4 居住空间能自然通风，通风口面积在夏热冬冷地区不小于该房间地板轴线面积的 8%，其他地区不小于 5%。

空气质量符合现行国家标准的相关规定。

6.7.5 合理设计新风采气口位置，保证新风质量及避免二次污染的发生。

6.7.6 建筑主要功能房间、地下停车场等应设置室内空气质量监控系统。

6.7.7 宜采用室内通风换气装置。

6.7.8 卧室、起居室（厅）宜使用蓄能、调湿或改善室内空气质量的功能材料。

7 建筑材料及建筑工业化

7.1 一般规定

7.1.1 建筑材料应选用国家和地方现行推广的建筑材料及制品，优先选用获得绿色评价标识的建筑材料及制品，不得采用国家和地方禁止和限制使用的建筑材料及制品。

7.1.2 所选用建筑材料中的有害物质含量应符合现行国家标准 GB 18580 ~ GB 18588 和《建筑材料放射性核素限量》GB 6566 的要求。

7.2 节 材

7.2.1 对地基基础、结构体系、结构构件进行优化设计，达到节材效果。

7.2.2 建筑设计应与装修设计协调，宜与装修设计同步进行，应考虑装修工程的需求。

7.2.3 公共建筑中可变换功能的室内空间宜采用便于拆改、便于再利用的装配式轻质隔墙。

7.3 材料利用

7.3.1 建筑材料的选用应遵循新型、轻质、节能、经济、适用、耐久、环保、健康的原则。优先选用本地的建筑材料，施工现场 500 km 以内生产的建筑材料重量占建筑材料总重量的 60%以上。

7.3.2 结构材料选择应遵循以下原则：

1 应选用本地的建筑材料；

2 应节约材料的用量，根据结构受力特点选择材料用量较少的结构体系；

3 尽量采用高强或高性能混凝土、轻骨料混凝土、高强钢筋、高强钢材、高强螺旋肋钢丝以及三股钢绞线；

4 采用工业化生产的建筑材料；

5 现浇混凝土应采用预拌混凝土；砌筑、抹面砂浆应采用预拌砂浆。

7.3.3 应选择耐久性好的外装修材料和建筑构造，并应设置便于建筑外立面维护的设施。室外钢制构件宜使用不锈钢或热镀锌处理等防腐性能较好的产品。

7.3.4 建筑的五金配件、管道阀门、开关龙头等频繁使用的活动配件应选用长寿命的产品，并易于更换，应考虑部件组合的同寿命性。建筑不同寿命部件组合宜便于分别拆换和更新。

7.3.5 建筑隔墙、建筑外窗和建筑室内装修材料等宜采用石膏板、金属、玻璃、木材等可再循环材料。

7.3.6 宜优先选用以废弃物为原料生产的可再循环建筑材料。

7.3.7 宜充分利用建筑施工和建筑拆除后的尚可继续利用的材料。宜合理利用场地内的已有建筑物和构筑物。

7.3.8 宜选用速生的材料及其制品；采用木结构时，宜选用速生木材制作的高强复合材料。

7.3.9 有条件时宜选用储能材料、有自洁功能材料、除醛抗菌材料等功能性建筑材料。

7.4 建筑工业化

7.4.1 在满足结构安全性及正常使用要求的前提下，最大限度地采用便于工业化建造的结构体系，如预制装配式混凝土结构、钢结构等结构体系。

7.4.2 建筑设计应遵循模数协调的原则，实现建筑产品和部件的尺寸及安装位置的模数协调。

7.4.3 住宅、宾馆、学校等建筑宜进行标准化设计，包括平面空间、立面造型、建筑构件、建筑部品的标准化设计。

7.4.4 建筑设计的基本单元、连接构造、构配件及设备管线应标准化与系列化。

7.4.5 采用工业化生产的、标准化的结构构件、部件，达到一定规模的预制构件和部件使用率。可选择下列构件或部件：

1 外墙、内墙、楼板、楼梯、阳台、空调板等部位采用工业化生产的预制装配式构配件；

2 钢结构构件；

3 单元式幕墙、成品栏杆、雨篷等建筑部件。

7.4.6 应考虑卫浴间、厨房设备和家具产品及其管线布置的合理性，进行系列化、多档次的定型设计，并符合下列规定：

1 厨卫设备应采用成套定型产品；

2 宜采用标准化的整体卫浴及整体厨房。

7.4.7 宜采用现场干式作业的施工技术及产品；宜采用工业化的装修方式。

8 给水排水

8.1 一般规定

8.1.1 建筑方案设计阶段，应因地制宜制订水系统规划方案，统筹、综合利用各种水资源。水资源规划方案应包括再生水、雨水等非传统水源的综合利用。

8.1.2 设有生活热水系统的建筑，宜综合考虑余热、废热、可再生能源等作为热源，并合理配置辅助加热系统。太阳能资源丰富和较丰富地区，应优先选择太阳能热水系统。太阳能资源一般地区，宜经过经济技术比较，选择适宜的太阳能热水系统。

8.1.3 给水排水系统设置应合理、完善、安全。室外排水应采用雨、污分流系统。

8.2 非传统水源利用

8.2.1 市政再生水、雨水、建筑中水等非传统水源宜用于绿化用水、车辆冲洗用水、道路浇洒用水等不与人体接触的生活杂用水。人工景观水体补水应采用非传统水源。各类非传统水源应达到相应的水质标准。建筑中水作为冲厕用水时，应通过技术经济比较后确定，并采取保证使用安全的技术措施。

8.2.2 非传统水源供水系统严禁与生活用水管道连接，必须采取下列安全措施：

1 非传统水源管道应设置标识带，明装时应按现行国家标准《建筑中水设计规范》GB 50336、《建筑与小区雨水利用工程技术规范》GB 50400 的要求对管道进行标识。

2 水池（箱）、阀门、水表及给水栓、取水口等均应采取防止误接、误用、误饮的措施。

8.2.3 使用非传统水源必须采取下列用水安全保障措施，且不得对人体健康与周围环境产生不良影响：

1 雨水、中水等非传统水源在储存、输配等过程中要有足够的消毒杀菌能力，且水质不被污染；

2 供水系统应设有备用水源、溢流装置及相关切换设施等；

3 雨水、中水等在处理、储存、输配等环节中应采取安全防护和监测、检测控制措施。

8.2.4 应根据气候特点及非传统水源供应情况，合理规划人工景观水体规模，并进行水量平衡计算。人工景观水体的补充水，应优先采用回用雨水作为补充水，并应采取下列水质及水量安全保障措施：

1 人工景观水体的补充水不得使用市政自来水和地下井水；

2 场地条件允许时，采取湿地工艺进行景观用水的预处理和景观水的循环净化；

3 采用生物措施净化水体，减少富营养化及水体腐败的潜在因素；

4 可采用以再生能源驱动的机械设施，加强景观水体的水力循环，增强水面扰动，破坏藻类的生长环境。

8.2.5 合理规划地表与屋面雨水径流途径，降低地表径流，增加雨水渗透量，并通过经济技术比较，合理确定雨水集蓄及利用方案。并应符合下列要求：

1 雨水利用应因地制宜，充分利用绿地水系、生态湿地和景观水体等的入渗、调蓄、生态修复和净化作用；其次再考虑集中或分散的集蓄和利用方案；

2 建设用地年均外排雨水量不宜大于开发建设前的外排雨水量；

3 雨水收集利用系统应设置雨水初期弃流装置，雨水调节池，收集、处理及利用系统可与景观水体设计相结合。

8.2.6 设有雨水回用系统的住宅建筑，可利用建筑的空调器排水管收集凝结水和融霜水，并将其汇入雨水收集系统。公共建筑可根据空调系统的类型尽量将凝结水收集并入雨水收集系统。

8.3 供水系统

8.3.1 供水系统应节水、节能，并宜采取以下技术措施：

1 采用市政水源供水时，应充分利用市政供水压力；当需要加压二次供水时，应依据城镇管网条件，综合考虑建筑物类别、高度、使用标准等因素，经技术经济比较，条件许可时，应优先采用管网叠压供水等节能的供水技术；

2 高层建筑生活给水系统合理分区，各分区最低卫生器具配水点处的静水压力不大于 0.45 MPa；

3 给水系统应采取减压限流的节水措施，用水点处供水压力不大于 0.20 MPa，且不小于用水器具要求的最低工作压力。

8.3.2 热水系统用水量较小、用水点分散时，宜采用局部热水供应系统；热水用水量较大、用水点集中时，应采用集中热水供应系统，并应设置完善的热水循环系统。热水系统设置应符合下列规定：

1 集中热水供应系统分区宜与给水系统分区一致，并应有保证用水点处冷、热水供水压力平衡的措施；用水点处冷、热水供水压力差不宜大于 0.02 MPa；

2 设集中热水供应时，应设干、立管循环系统；用水点出水温度不低于 45 ℃ 的放水时间，住宅建筑不应大于 15 s，医院、旅馆等公共建筑不应大于 10 s；

3 在热水用水点处宜设置带调节压差功能的混合器、混合阀；

4 公共浴室淋浴器宜采用即时启闭的脚踏、手动控制或感应式自动控制装置，供水系统宜采用控制出流水头、水压稳定、温度控制等节水措施。

8.4 节水措施

8.4.1 减少管网漏损，可采取以下技术措施：

1 给水系统使用耐腐蚀、耐久性能好的管材、管件；

2 选用密闭性能好的阀门、设备；

3 根据水平衡测试的要求安装分级计量水表；

4 合理设计供水系统，避免供水压力过高或压力骤变；

5 水池、水箱溢流报警和进水阀门自动联动关闭；

6 选择适宜的管道敷设及基础处理方式，控制管道埋深。

8.4.2 卫生器具、水龙头、淋浴器、家用洗衣机等应符合现行国家标准《节水型生活用水器具》CJ/T 164 的要求，鼓励使用较高用水效率等级的卫生器具。

8.4.3 绿化灌溉应根据绿化灌溉的管理形式、绿地面积大小、植物类型和水压等因素，选择不同类型的高效节水灌溉方式，并符合下列要求：

  1 浇灌用水源宜为再生水，应采用滴灌、渗灌、微喷灌等微灌浇洒方式；

  2 宜采用湿度传感器或根据气候变化调节的控制器；

  3 采用微灌方式时，应在供水管路的入口处设过滤装置；

  4 当灌溉用水采用再生水时，禁止采用喷灌；

  5 不宜设置分散式下沉式庭院。

8.4.4 水表应按照使用用途和管网漏损检测要求设置，并符合下列要求：

  1 住宅建筑应一户一表，住宅小区绿化浇灌、道路冲洗等公共设施用水应按用途设置水表；

  2 公共建筑应按不同用途和不同付费单位分别设置水表计量；

  3 对公共建筑中有可能实施用者付费的场所，宜设置用者付费的设施。

8.4.5 冷却塔应选用飘水率低的产品。冷却水量小于及等于1 000 m³/h 的中小型冷却塔飘水率应低于 0.015%；冷却水量大于 1 000 m³/h 的大型冷却塔飘水率应低于 0.005%。循环冷却水系统应设置水处理措施；采取加大集水盘、设置平衡管或平衡水箱的方式，避免冷却水泵停泵时冷却水溢出。

9 暖通空调设计

9.1 一般规定

9.1.1 暖通空调系统设计应贯彻执行节能减排政策，根据工程所在地的地理气候条件、建筑功能的要求，遵循被动措施优先、主动措施优化的原则，合理确定供暖、空调系统形式。

9.1.2 暖通空调系统的设计，应结合工程所在地的能源结构和能源政策，统筹建筑物内各系统的用能情况，通过技术经济比较分析，选择综合能源利用率高的冷热源和空调系统形式，并宜优先选用可再生能源。

9.1.3 暖通空调系统分区和系统形式应根据房间功能、建筑物朝向、建筑空间形式、使用时间、物业归属、控制和调节要求、内外区及其全年冷热负荷特性等进行设计。

9.1.4 暖通空调设计时，宜进行全年动态负荷和能耗变化的模拟，分析能耗与技术经济性，选择合理的冷热源和供暖空调系统形式。

9.1.5 集中空调系统的设计，宜计算分析空调系统设计综合能效比，优化空调系统的冷热源、水系统和风系统设计。

9.1.6 室内环境设计参数的确定，应符合下列规定：

1 除工艺要求严格规定外，舒适性空调室内环境设计参数应符合节能标准的限值要求；

2 室内热环境的舒适性应考虑空气干球温度、空气湿度、空气流动速度、平均辐射温差和室内人员的活动与衣着情况；

3 应采用符合室内空气卫生标准的新风量，选择合理的送、排风方式和流向、保持适当的压力梯度，有效排除室内污染与气味。

9.1.7 空调设备数量和容量的确定，应符合下列规定：

1 应以热负荷、逐时冷负荷和相关水力计算结果为依据，合理确定暖通空调冷热源、空气处理设备以及输配设备的容量。

2 设备选择还应考虑容量和台数的合理搭配，使系统高效运行。

9.1.8 下列情况下宜采用变频节能技术：

1 新风机组、通风风机宜选用变频调速风机；

2 变流量空调水系统的冷源侧，在满足冷水机组设备运行最低水量要求前提下，经过技术经济比较分析合理时，宜采用变频调速水泵；

3 在采用二次泵系统时，二次泵宜采用变频调速水泵；

4 空调冷却塔风机宜采用变频调速风机。

9.1.9 条件允许时，应采取合理的技术措施降低过渡季空调系统能耗。

9.2 冷热源

9.2.1 有可供利用的废热或工业余热的区域，在技术经济合理的情况下，建筑供暖、空调系统应优先选用电厂或其他工业余热作为热源。

9.2.2 供暖空调系统的冷、热源机组能效应满足《公共建筑节能设计标准》GB 50189 及《四川省居住建筑节能设计标准》DB 51/5027 的规定，多联机空调（热泵）机组、房间空调器等设备应满足现行有关国家标准能效限值的要求。条件允许的情况下，应尽量选用效率较高的设备。

9.2.3 采用空气源热泵机组制热时，设计工况下制热性能系数不应低于 1.8。

9.2.4 除了在电力充足、供电政策支持和电价优惠的地区，并且符合下列情况外，其他条件下一律不得采用电热锅炉、电热水器作为直接采暖和空调的热源：

1 以供冷为主，采暖负荷较小且无法利用热泵提供热源的建筑；

2 川西高原寒冷、严寒地区，以及无集中供热与燃气源，用煤、油等燃料受到环保或消防严格限制的建筑；

3 夜间可利用低谷电价进行蓄热的建筑，蓄热式电锅炉不应在日间用电高峰和平段时间启用；

4 内、外区合一的变风量系统中需要对局部外区进行加热的建筑。

9.2.5 在严寒和寒冷地区，冬季不应使用制冷机为建筑物提供冷量。

9.2.6 全年运行中存在供冷和供热需求的多联分体空调系统宜采用热泵式机组。在建筑中同时有冷、热负荷需求的，当其冷、热需求基本匹配时，宜采用热回收型机组。

9.2.7 当公共建筑内区较大，冬季内区有稳定和足够的余热量，通过技术经济比较合理时，宜采用水环热泵空调系统。

9.2.8 热水系统宜充分利用燃气锅炉烟气的冷凝热,采用冷凝热回收装置或冷凝式炉型,燃气锅炉宜选用配置比例调节燃烧控制的燃烧器。

9.2.9 根据当地的分时电价政策和建筑物暖通空调负荷的时间分布,经过经济技术比较合理时,宜采用蓄能形式的冷热源。

9.3 供暖空调水系统

9.3.1 集中供暖空调系统冷、热水循环泵的耗电输冷(热)比应满足《民用建筑供暖通风与空气调节设计规范》GB 50736及现行国家规范的相关要求,在技术经济合理的情况下,设计应优化水泵选型,提高系统耗电输冷(热)比。

9.3.2 暖通空调系统供回水温度的设计应满足下列要求:

1 除温湿度独立调节的显热处理系统和冬季冷却塔供冷系统外,电制冷空调冷水系统的供水温度不宜高于 7 ℃,供回水温差不应小于 5℃;

2 当采用四管制空调水系统时,除利用太阳能热水、废热或热泵系统外,空调热水系统的供水温度不宜低于 60 ℃,供回水温差不应小于 10 ℃。

3 当采用冰蓄冷空调冷源或有低于 4 ℃ 的冷冻水可利用时,空调末端为全空气系统形式时,宜采用大温差供冷系统。

4 当暖通空调的水系统供应距离大于 300 m,经过技术经济比较合理时,宜加大供回水温差。

9.3.3 空调水系统的设计应符合下列规定:

1 除采用蓄冷蓄热水池和空气处理需喷水处理方式等情

况外，空调冷热水均应采用闭式循环水系统。

2 应根据当地的水质情况对水系统采取必要的过滤除污、防腐蚀、阻垢、灭藻、杀菌等水处理措施。

9.3.4 供暖空调水系统布置和选择管径时，应减少并联环路之间压力损失的相对差额。当设计工况时并联环路之间压力损失的相对差额超过 15%时，应采取水力平衡措施。

9.3.5 以蒸汽作为暖通空调系统及生活热水热源的汽水换热系统，蒸汽凝结水应回收利用。

9.3.6 条件允许时，可采用空调冷却水对生活热水的补水进行预热。

9.3.7 民用建筑采用散热器热水采暖时，应采用水容量大、热惰性好、外形美观、易于清洁的散热器。在保证安全的情况下，散热器应采用有利于散热的安装方式。

9.4 空调通风系统

9.4.1 通风空调系统的单位风量耗功率应满足《公共建筑节能设计标准》GB 50189 的规定以及现行有关国家标准能效限值的要求。

9.4.2 经技术经济比较合理时，新风宜经排风热回收装置进行预冷或预热处理。

9.4.3 当吊顶空间的净空高度大于房间净高的 1/3 时，房间空调系统不宜采用吊顶回风的形式。

9.4.4 通风系统设计宜综合利用不同功能的设备和管道。消防排烟系统和人防通风系统在技术合理、措施可靠的前提下，宜综合利用平时的通风设备和管道。

9.4.5 复印室、吸烟室、厨房、卫生间、垃圾间等可能产生污染物的房间应按照污染物性质及浓度，根据其危害程度设置排风系统，且排风系统的设置应符合《民用建筑供暖通风与空气调节设计规范》GB 50736 的相关规定。

9.5 暖通空调自动控制系统

9.5.1 应对建筑供暖、通风及空调系统能源消耗之总量进行分项、分级计量。在同一建筑中宜根据建筑的功能、归属等情况，分区、分系统、分层、分户对冷、热能耗进行计量。

9.5.2 设计宜提供完整的供暖、空调系统节能运行策略。冷热源中心应能根据负荷变化要求、系统特性或优化程序进行运行调节，降低部分负荷、部分空间使用下的供暖、通风与空调系统能耗。

9.5.3 多功能厅、展览厅、报告厅、大型会议室等人员密度变化相对较大的房间，宜设置二氧化碳检测装置，该装置宜联动控制室内新风量和空调系统的运行。

9.5.4 设置机械通风的车库，宜设一氧化碳检测和控制装置控制通风系统运行。

9.6 地源热泵应用

9.6.1 地源热泵系统必须依据场地的地质和水文地质条件进行设计，主要包括地层岩性，地下水水温、水质、水量和水位，土壤的常年温度及传热特性。

9.6.2 采用地埋管、地下水、江河湖水源及污水源等地源热泵系统时，应符合下列规定：

1 应满足《民用建筑供热通风与空气调节设计规范》GB50736、《地源热泵系统工程技术规范》GB 50366 及《成都市地源热泵系统技术规程》DBJ 51/012 的相关规定。

2 污水源热泵系统设计应对未来污水资源变化情况做出客观评估。

9.6.3 污水源热泵系统的设计，必须以掌握项目所在地污水资源条件为前提，包括当前可用的污水水质、水量、水温、流经途径及其变化规律，同时应对未来污水资源变化情况做出客观评估。

9.6.4 地源热泵系统的设计，应不破坏项目所在区域的自然生态环境，并符合下列要求：

1 地下水源热泵系统应采取有效的回灌措施，确保地下水全部回灌到同一含水层，并不得对地下水资源造成污染。

2 土壤源热泵系统应进行源侧取热量与排热量的热平衡计算，避免因取热量与排热量的不平衡引起土壤温度的持续上升或者降低。

9.6.5 热泵系统应设置供热量与驱动能源的分项计量装置。

10 建筑电气

10.1 一般规定

10.1.1 在方案设计阶段应制订合理的供配电系统、智能化系统方案，合理采用节能技术和设备。

10.1.2 太阳能资源或风能资源丰富地区，当技术经济合理时，宜采用太阳能发电或风力发电作为电力能源。在建筑屋顶或墙面采用，应进行建筑一体化设计。

10.1.3 应采用高效节能照明光源、灯具和附件设备。

10.2 供配电系统

10.2.1 应根据用电负荷性质和用电容量，合理选择供电电压等级、变压器台数和容量；考虑不同季节负荷变化特性的节能措施。

10.2.2 对于三相不平衡或采用单相配电的供配电系统，应采用分相无功自动补偿装置。

10.2.3 当供配电系统谐波或设备谐波超出相关国家或地方标准的谐波限值规定时，宜对建筑内的主要电气和电子设备或其所在线路采取高次谐波抑制和治理措施，并宜满足以下要求：

    1 当系统谐波或设备谐波超出谐波限值规定时，宜对谐波源的性质、谐波实测参数等进行分析，有针对性地采取谐波抑制及谐波治理措施。

2 供配电系统中具有较大谐波干扰又需无功补偿的地点宜设置滤波装置。

10.3 照 明

10.3.1 应根据不同类型建筑合理利用自然采光，设计照明系统。

1 建筑具有自然采光条件时，应优先采用自然采光、合理设计的人工照明及控制措施；

2 宜设置智能照明控制系统，并设置随室外自然光的变化自动控制或调节人工照明照度的装置。

10.3.2 应根据项目规模、功能特点、建设标准、视觉作业要求等因素，确定合理的照度指标。照度指标为 300 lx 及以上，且功能明确的房间或场所，宜采用一般照明和局部照明相结合的方式。

10.3.3 除有特殊要求的场所外，应选用高效照明光源、高效灯具及其节能附件。

10.3.4 人员长期工作或停留的房间或场所，照明光源的显色指数不应小于 80。

10.3.5 各类房间或场所的照明功率密度值，宜满足现行国家标准《建筑照明设计标准》GB 50034 规定的目标值要求。

10.4 电气设备节能

10.4.1 变压器应选择低损耗、低噪声的节能产品，并应达到现行国家标准《三相配电变压器能效限定值及能效等级》GB 20052 中规定的目标能效限定值及节能评价值的要求。

10.4.2 配电变压器应选用 D,yn11 结线组别的变压器。

10.4.3 应采用配备高效电机及先进控制技术的电梯。自动扶梯与自动人行道应具有节能拖动及节能控制装置，并设置感应传感器。

10.4.4 当 3 台及以上的客梯集中布置时，客梯控制系统应具备按程序集中调控和群控的功能。

10.5 计量与智能化

10.5.1 宜根据建筑的功能、归属等情况，对照明、电梯、空调、给排水等系统的用电能耗进行分项、分区或分层、分户的计量。

10.5.2 计量装置宜集中设置，当条件限制时，宜采用集中远程抄表系统或卡式表具。

10.5.3 大型公共建筑宜具有对照明、空调、给排水、电梯等设备进行运行监控和管理的功能。

10.5.4 有条件时，公共建筑宜设置建筑设备能源管理系统，并包含以下内容：

    1 监测室内外温湿度；

    2 具有对主要设备进行能耗监测、统计、分析和管理的功能。

11 太阳能利用

11.1 一般规定

11.1.1 在太阳能丰富的地区,供暖系统应优先采用被动式太阳能采暖方式,主动式供暖系统应为辅助采暖形式。

1 在冬季最冷月平均温度大于 – 4°C,水平面太阳能平均总辐射照度大于 150 W/m²,日照率大于或等于 70%的太阳能丰富地区,应采用被动式太阳能采暖为主,其他主动式采暖系统为辅的方式进行采暖;

2 在冬季日照率大于 55%、小于 70%太阳能较丰富的地区,宜采用被动式太阳能进行辅助采暖。

11.1.2 设计中选用的太阳能集热方式应考虑技术、经济的可行性。

11.1.3 被动与主动太阳能技术应用应考虑与建筑的一体化设计。

11.2 被动式太阳能利用

11.2.1 根据不同的累年一月份平均气温、水平面或南向垂直墙面一月份太阳平均辐射照度,将被动式太阳能采暖气候分区划分为四个气候区,如表 11.2.1 所示。

表 11.2.1　四川省被动式太阳能气候分区

被动式太阳能采暖气候分区		南向辐射温差比 ITR /(W/m² · K)	一月份南向垂直面太阳辐照度 I_s /(W/m²)	典型城市
最佳气候区	A 区(SH I a)	$ITR > 8$	$I_s \geqslant 150$	得荣、普格、乡城、喜德、宁南、冕宁、德昌
	B 区(SH I b)	$ITR > 8$	$I_s < 150$	巴塘、攀枝花、米易、西昌、会东、盐边、木里、会理、仁和、盐源、理塘、稻城
适宜气候区	A 区(SH II a)	$6 \leqslant ITR \leqslant 8$	$I_s > 100$	布拖、丹巴、乾宁、九龙、新都桥、新龙、马尔康、阿坝、甘孜
	B 区(SH II b)	$4 \leqslant ITR < 6$	$I_s > 100$	白玉、色达、石渠、若尔盖
一般气候区	A 区(SH III a)	$6 \leqslant ITR \leqslant 8$	$50 \leqslant I_s \leqslant 100$	汉源、甘洛、越西、南江、青川
	B 区(SH III b)	$4 \leqslant ITR < 6$	$50 \leqslant I_s \leqslant 100$	石棉、金阳、泸定、雅江、美姑、昭觉、九寨沟、康定、德格
不宜气候区	SH IV	—	$I_s < 50$	成都、巴中、宝兴、苍溪、达川、大邑、大竹、丹棱、峨边、峨眉、富顺、高县、珙县、广安、广汉、广元、洪雅、夹江、犍为、简阳、剑阁、江安、乐山、乐至、雷波、邻水、隆昌、芦山、泸县、泸州、南充、遂宁、西充、雅安、宜宾、资中、梓潼、自贡等

11.2.2　被动式建筑采暖方式应根据采暖气候分区、太阳能利用效率和房间热环境设计指标，参照表 11.2.2 进行选用。

表 11.2.2　不同采暖气候分区采暖方式选用表

被动式太阳能建筑采暖气候分区		推荐选用的单项或组合式采暖方式
最佳气候区	最佳气候 A 区	集热蓄热墙式、附加阳光间式、直接受益式、对流环路式蓄热屋顶式
	最佳气候 B 区	集热蓄热墙式、附加阳光间式、对流环路式蓄热屋顶式
适宜气候区	适宜气候 A 区	直接受益式、集热蓄热墙式、附加阳光间式、蓄热屋顶式
	适宜气候 B 区	集热蓄热墙式、附加阳光间式、直接受益式、蓄热屋顶式
一般气候区		集热蓄热墙式、附加阳光间式、蓄热屋顶式

11.2.3　应对被动式太阳能建筑的可行性进行评估,并符合以下规定:

　　1　在被动式太阳能建筑方案设计阶段,应对被动式太阳能建筑的运行效果进行预评估;

　　2　在方案及初步设计文件中,应对被动式太阳能建筑技术进行专项说明;

　　3　在建筑施工图设计阶段,应对建筑物的热工性能指标进行计算;

　　4　在施工图设计文件中,应对被动式太阳能建筑设计、施工与验收、运行与维护等技术要求进行专项说明。

11.3　主动式太阳能利用

11.3.1　太阳能热水系统类型的选择,应根据建筑物类型、使用要求、运营模式、安装条件等因素综合确定,应满足安全、适用、经济、美观的要求。

11.3.2 太阳能热水系统应安全可靠,内置加热系统必须带有保证使用安全的装置,并应采取防冻、防结露、防过热、防雷、抗雹、抗风、抗震等技术措施。

11.3.3 太阳能集热系统的热性能应满足相关太阳能产品国家现行标准的要求,系统中集热器、贮水箱、支架等主要部件的正常使用寿命不应少于 15 年。

11.3.4 主动式太阳能集热系统设计时,应考虑集热器表面积灰对集热器效率的影响。

11.3.5 太阳能热水系统应设置辅助能源加热设备,辅助能源加热设备种类应根据建筑物使用特点、热水用量、能源供应、维护管理及卫生防菌等因素选择,并应符合现行国家标准《建筑给水排水设计规范》GB 50015 的有关规定。

11.3.6 集中式太阳能热水系统形式允许时,应对太阳能供热量与辅助加热能源用量进行分项计量,太阳能供热管道和补水管道上应设置水表计量。

11.3.7 太阳能热水系统应设置自动控制系统,自动控制系统应保证最大限度的利用太阳能。

11.3.8 光伏系统设计应符合现行国家标准《民用建筑太阳能光伏系统应用技术规范》JGJ 203 的有关规定。

11.3.9 并网光伏系统应符合现行国家标准《光伏系统并网技术要求》GB/T 19939 的相关规定,并应满足下列要求:

    1 光伏系统与公共电网之间应设置隔离装置;

    2 并网光伏系统应具有自动检测功能及并网切断保护功能。

11.3.10 太阳能光伏发电系统宜设置可进行实时和累计发电量等数据采集和远程传输的控制系统。

本标准用词用语说明

1 为便于在执行本标准条文时区别对待，对要求严格程度不同的用词说明如下：

  1） 表示很严格，非这样做不可的用词：

　　正面词采用"必须"，反面词采用"严禁"；

  2） 表示严格，在正常情况下均应这样做的用词：

　　正面词采用"应"，反面词采用"不应"或"不得"；

  3） 表示允许稍有选择，在条件许可时首先应这样做的用词：

　　正面词采用"宜"，反面词采用"不宜"；

　　表示有选择，在一定条件下可以这样做的用词，采用"可"。

2 本标准中指明应按其他有关标准执行的写法为"应符合……的规定"或"应按……执行"。

引用标准名录

1 《绿色建筑评价标准》GB/T 50378 – 2014

2 《民用建筑绿色设计规范》JGJ/T 229 – 2010

3 《四川省绿色建筑评价标准》DBJ51/T 009 – 2012

4 《声环境质量标准》GB 3096 – 2008

5 《无障碍设计规范》GB 50763 – 2012

6 《城市居住区规划设计规范》GB 50180 – 2002

7 《城市夜景照明设计规范》JGJ/T 163 – 2008

8 《民用建筑设计通则》GB 50352 – 2005

9 《建筑采光设计标准》GB/T 50033 – 2013

10 《民用建筑隔声设计规范》GB 50118 – 2010

11 《室内装饰装修材料人造板及其制品中甲醛释放限量》
   GB 18580 – 2008

12 《室内装饰装修材料混凝土外加剂释放氨的限量》
   GB 18588 – 2001

13 《建筑材料放射性核素限量》GB 6566 – 2010

14 《民用建筑工程室内环境污染控制规范》GB 50325 – 2010

15 《建筑抗震设计规范》GB 50011 – 2010

16 《建筑给水排水设计规范》GB 50015 – 2009

17 《建筑中水设计规范》GB 50336 – 2002

18 《建筑与小区雨水利用工程技术规范》GB 50400 – 2006

19 《节水型生活用水器具》CJ/T 164 – 2002

20 《建筑照明设计标准》GB 50034 – 2013

21 《公共建筑节能设计标准》GB 50189 – 2005

22 《四川省居住建筑节能设计标准》DB 51/5027 – 2012

23 《民用建筑供暖通风与空气调节设计规范》GB 50736-2012

24 《三相配电变压器能效限定值及能效等级》GB 20052 – 2013

25 《四川省被动式太阳能建筑设计规范》DBJ 51/T 019 – 2013

26 《民用建筑太阳能光伏系统应用技术规范》JGJ 203 – 2010

27 《太阳热水系统设计、安装及工程验收技术规范》GB/T 18713 – 2002

四川省工程建设地方标准

四川省绿色建筑设计标准

Design Standard for Green Building in Sichuan Province

DBJ51/T 037 – 2015

条 文 说 明

目　次

1 总 则

1.0.1 建筑活动是人类对自然资源、环境影响最大的活动之一。我国正处于经济快速发展阶段，资源消耗总量逐年迅速增长。因此，必须牢固树立和认真落实科学发展观，坚持可持续发展理念。发展绿色建筑应贯彻执行节约资源和保护环境的国家技术经济政策。推行绿色建筑，坚持发展中国特色的绿色建筑是当务之急，从规划设计入手，追求本土、低耗、精细化是绿色建筑发展的方向。制定本标准的目的是规范和指导我省绿色建筑设计，推进建筑业的可持续发展。

1.0.2 本标准不仅适用于新建工程绿色建筑的设计，同时也适用于改建和扩建工程绿色建筑的设计。旧建筑的改建和扩建有利于充分发掘旧建筑的价值、节约资源、减少对环境的污染，在中国旧建筑的改造具有很大的市场，绿色建筑的理念应当应用到旧建筑的改造中。

1.0.3 建筑从最初的规划设计到随后的施工、运营、更新改造及最终的拆除，形成一个全寿命期。关注建筑的全寿命期，意味着不仅在规划设计阶段充分考虑并利用环境因素，而且确保施工过程中对环境的影响最低，运营阶段能为人们提供健康、舒适、低耗、无害的活动空间，拆除后又能把对环境的危害降到最低。绿色建筑要求在建筑全寿命期内，最大限度地节能、节地、节水、节材与保护环境，同时满足建筑功能。这几者有时是彼此矛盾的，如为片面追求小区景观而过多地用水，为达到节能单项指标而过多地消耗材料，这些都是不符合绿色建筑理念的；而降低建筑的功能要求、降低适用性，虽然消耗资源少，也不是绿色建筑所提倡的。节能、节地、节水、节材、保护环境及建筑功能之间的矛盾，必须放在建筑全寿命期内统筹考虑与正确处理，同时还应重视信息技术、智能技术和绿色建筑的新技术、新产品、新材料与新工艺的应用。绿色建筑最终应能体现出经济效益、社会效益和环境效益的统一。

1.0.4 符合国家的法律法规与相关标准是进行绿色建筑设计的必要条件。本标准未全部涵盖通常建筑物所应有的功能和性能要求，而是着重提出与绿色建筑性能相关的内容，主要包括节能、节地、节水、节材与保护环境等方面。因此建筑的基本要求，如结构安全、防火安全等要求不列入本标准。设计时除应符合本标准要求外，还应符合国家和我省现行的有关规范和标准的规定。

3 基本规定

3.0.1 绿色建筑是在全寿命期内兼顾资源节约与环境保护的建筑，绿色建筑设计应追求在建筑全寿命期内，技术经济的合理和效益的最大化。为此，需要从建筑全寿命期的各个阶段综合评估建筑场地、建筑规模、建筑形式、建筑技术与投资之间的相互影响，综合考虑安全、耐久、经济、美观、健康等因素，比较、选择最适宜的建筑形式、技术、设备和材料。过度追求形式或奢华的配置都不是绿色理念。

3.0.2 绿色建筑设计过程中应以共享、平衡为核心，通过优化流程、增加内涵、创新方法实现集成设计，全面审视、综合权衡设计中每个环节涉及的内容，以集成工作模式为业主、工程师和项目其他关系人创造共享平台，使技术资源得到高效利用。

绿色建筑的共享有两个方面的内涵：第一是建筑设计的共享，建筑设计是共享参与权的过程，设计的全过程要体现权利和资源的共享，关系人共同参与设计。第二是建筑本身的共享，建筑本是一个共享平台，设计的结果是要使建筑本身为人与人、人与自然、物质与精神、现在与未来的共享提供一个有效、经济的交流平台。

实现共享的基本方法是平衡，没有平衡的共享可能会造成混乱。平衡是绿色建筑设计的根本，是需求、资源、环境、经济等因素之间的综合选择。要求建筑师在建筑设计时改变传统设计思想，全面引入绿色理念，结合建筑所在地的特定气候、环境、经济和社会等多方面的因素，并将其融合在设计方法中。

集成包括集成的工作模式和技术体系。集成工作模式衔接业主、使用者和设计师，共享设计需求、设计手法和设计理念。不同专业的设计师通过调研、讨论、交流的方式在设计全过程捕捉和理解业主和（或）使用者的需求，共同完成创作和设计，同时达到技术体系的优化和集成。

绿色建筑设计强调全过程控制，各专业在项目的每个阶段都应参与讨论、设计与研究。绿色建筑设计强调以定量化分析与评估为前提，提倡在规划设计阶段进行如场地自然生态系统、自然通风、日照与自然采光、围护结构节能、声环境优化等多种技术策略的定量化分析与评估。定量化分析往往需要通过计算机模拟、现场检测或模型实验等手段来完成，这样就增加了对各类设计人员特别是建筑师的专业要求，传统的专业分工的设计模式已经不能适应绿色建筑的设计要求。因此，绿色建筑设计是对现有设计管理和运作模式的创造性变革，是具备综合专业技能的人员、团队或专业咨询机构的共同参与，并充分体现信息技术成果的过程。

3.0.3 我国不同地区的气候、地理环境、自然资源、经济发展与社会习俗等都有着很大的差异。绿色建筑设计应注重地域性，因地制宜、实事求是，充分考虑建筑所在地域的气候、资源、自然环境、经济、文化等特点，考虑各类技术的适用性，特别是技术的本土适宜性。因此，必须注重研究地域、气候和经济等特点，因地制宜、因势利导地控制各类不利因素，有效利用对建筑和人的有利因素，以实现极具地域特色的绿色建筑设计。

3.0.4 建筑设计是建筑全寿命期中最重要的阶段之一，它主导了后续建筑活动对环境的影响和资源的消耗，方案设计阶段又是设计的首要环节，对后续设计具有主导作用。如果在设计的后期才开始绿色建筑设计，很容易陷入简单的产品和技术的堆砌，并不得不以高成本、低效益作为代价。

设计策划是对建筑设计进行定义的阶段，是发现并提出问题的阶段，而建筑设计就是解决策划所提问题并确定设计方案的阶段。所以设计策划是研究建设项目的设计依据，策划的结论规定或论证了项目的设计规模、性质、内容和尺度；不同的策划结论，会对同样的项目带来不同的设计思想甚至空间内容，甚至建成之后会引发人们在使用方式、价值观念、经济模式上的变更以及新文化的创造。因此，在建筑设计之前进行建筑策划是很有必要的。

在设计的前期进行绿色建筑策划，可以通过统筹考虑项目自身的特点和绿色建筑的理念，在对各种技术方案进行技术经济性的统筹对比和优化的基础上，达到合理控制成本、实现各项指标的目的。

3.0.5 在方案和初步设计阶段的设计文件中，通过绿色建筑设计专篇对采用的各项技术进行比较系统的分析与总结；在施工图设计文件中注明对项目施工与运营管理的要求和注意事项，引导设计人员、施工人员以及使用者关注设计成果在项目的施工、运营管理阶段的有效落实。

绿色建筑设计专篇中一般应包括以下内容：

1 工程的绿色目标与主要策略；

2 符合绿色施工的工艺要求；

3 确保运行达到设计的绿色目标的建筑使用说明书。

4 绿色建筑设计策划

4.1 一般规定

4.1.1 在项目建设的策划阶段应增加绿色建筑的策划专篇，若项目无策划阶段，则需单独进行绿色建筑的策划，以指导后期的绿色建筑设计。

4.1.2 绿色建筑策划的目标是在项目建设目标、经济适宜的开发定位、功能需求、成本控制以及相应的技术路线方面进行方向性定位，策划的成果将决定下一阶段技术方案设计策略的选择。

项目前期策划的目的是指明绿色建筑设计的方向，所以相应内容要覆盖绿色建筑评价的各个部分，主要包括下列内容：

    1 节地与室外环境的目标；

    2 节能与能源利用的目标；

    3 节水与水资源利用的目标；

    4 节材与材料资源利用的目标；

    5 室内环境质量的目标；

    6 运营管理的目标。

与传统策划相比，绿色建筑策划更关注各方面利益的平衡。绿色建筑策划的核心内涵是：资源的节约与高效利用目标、环境保护目标、室内外环境质量目标。

4.2 策划内容

4.2.2 绿色建筑前期调研的主要目的是了解项目所处的自然环境、建设环境（能源、资源、基础设施）、市场环境以及社会环境等，结合政策与宏观经济环境，为项目的定义和论证提供资料。

4.2.3 确定绿色建筑的目标，是实现绿色建筑的第一步。绿色建筑目标包括总体目标和分项目标。绿色建筑总体目标和定位主要取决于项目的自然条件（如地理、气候与水文等）、社会条件（如经济发展水平、文化教育与社会认识等）、基础条件（是否满足国家或四川省绿色建筑评价标准控制项、是否具备四节一环保的技术基础）等方面。项目的总体开发目标、宗旨应满足绿色建筑基本内涵，项目的规模、组成、功能和标准应经济适宜。在明确绿色建筑的建设总体目标后，应进一步确定项目在节能率、节水率、可再生能源利用率、绿地率及室内外环境质量等方面的分项目标，为下一步的技术方案提供定量基础。

总之绿色建筑的项目定位和目标分析主要是确立开发或建设的目的、宗旨以及指导思想，并确定项目的规模、组成、功能、布局、达到的绿色建筑等级或水平、总投资以及开发或建设周期。

4.2.4 在明确绿色建筑的建设目标后，首先应进一步确定节地、节水、节能、可再生能源利用、节材、室内环境和运营管理等指标值和相关的支撑技术，确定遵循被动技术优先的原则的绿色建筑方案体系。其次针对绿色建筑方案体系，选择并确定与各绿色建筑方案控制指标一一对应的技术措施。最后根据所确定的各种技术措施，选择实现相应措施的设计方法和产品。在选定绿色建筑技术体系方案的同时，应进行成本控制分析和经济成本估算，尽量运用性能设计方法确定经济适宜的投资配比。当采用常规产品和设备无法满足项目绿色建筑目标时，可考虑较高性能或较高成本的建筑产品和设备的使用。可选择多种方案并从多角度和多层面进行方案对比，形成最终的项目绿色建筑技术体系。

应基于保证场地安全、维持生物多样性、保持文化遗产等要求，判断场地内是否存在不可建设或不适宜建设的区域。当需要在不可建设或不适宜建设的区域进行项目建设时，应采取相应的补偿措施。

4.2.5 在确定绿色建筑技术方案时，应进行技术可行性分析、成本效益分析和风险分析。

首先，可将方案与相关绿色建筑认证的控制项作一一对比，检控项目有无认证的可能性，要判断项目是否满足相关认证的控制项要求，可根据需要编制并填写绿色建筑设计可行性控制表。如果初步判断不满足，应寻求解决方案，并分析解决方案的成本。

其次，应进行技术方案的成本效益分析和风险分析，对于投资回收期较长和投资额度较大的技术方案应充分论证。成本效益分析注重于项目开发中的成本效益（特别是新技术的成本效益）的分析，制订资金需求量计划和融资方案。风险分析包括政策风险、经济风险、技术风险、组织管理风险等。

5 场地与室外环境

5.1 一般规定

5.1.2 场地资源包括自然资源、可再生能源、生物资源、市政基础设施和公共服务设施等。自然资源包括地形地貌、地表水体、表层土壤、雨水、地下水、地下空间等；可再生能源包括地热能、太阳能、风能、空气源能等能源。

本标准环境承载力是指在某一时空条件下，区域生态系统所能承受的人类活动的阈值，包括土地资源、水资源、矿产资源、大气环境、水环境、土壤环境以及人口、交通、能源、经济等各个系统的生态阈值。环境承载力是环境系统的客观属性，具有客观性、可变性、可控性的特点，可以通过人类活动的方向、强度、规模来反映。场地资源利用的开发强度应小于或等于环境承载力。环境承载力从狭义上讲，也可称环境容量，是指环境系统对外界其他系统污染的最大允许承受量或负荷量，主要包括大气环境容量、水环境容量等。环境容量具有客观性、相对性和确定性的特征。因此，环境承载力突出显示和说明环境系统的综合功能(生物、人文与环境的复合)；而环境容量侧重体现和反映环境系统的纯自然属性。

5.1.4 节地设计是我国绿色建筑设计的一个重要内容。采取适当增加容积率，开发地下空间是提高土地利用率的有效方式。本条依据现行国家规范《城市居住区规划设计规范》

GB 50180（2002 年版）第 3.0.3 条的规定。

5.1.5 合理配套公共服务设施，并与周边区域共享和互补，可减少重复建设，降低资源能源消耗。配套完善的公共服务设施是改善和提高人居环境的重要内容，也是实现低碳街区的绿色目标之一。

住区 500 m 范围内宜具备教育、医疗卫生、文化体育、商业服务、社区服务、金融邮电、市政公用等各类公共服务设施。

5.1.6 生态修复就是指对场地整体生态环境进行改造和恢复，以弥补开发活动引起的不可避免的环境变化影响。室外环境的生态修复重点是改造、恢复场地自然环境，改善环境质量，减少自然生态系统对人工干预的依赖，逐步恢复系统自身的调节功能并保持系统的健康稳定，保证人工-自然复合生态系统的良性发展。

5.1.7 景观环境要素按照功能和形式可分类为植物景观、硬质景观、水景观、景观照明等，在设计这些景观环境时需充分考虑和其关联的各种环境质量，包括风环境、声环境、光环境、热环境、空气质量、视觉环境、和嗅觉环境等。

5.2 场地选址及设计要求

5.2.1 用地选址应结合场地生态条件、安全因素等各项指标进行综合评价。用地应位于电磁辐射危害、危险化学品危害、污染和有毒物质等危险源的安全影响范围之外，不应在生态敏感区域、各种灾害影响范围内选址建设，不应占用基本农田、湿地、森林及文物等其他保护用地。应根据地区安全性情况进行工程地质、水文地质、地震灾害、地质灾害条件评估，应避开可能产生洪水、泥石流、滑坡等自然灾害的场址；应避开地质断裂带、易液化土、人工填土等不利于建筑抗震的地段；应避开容易产生风切变的场地。当场地选择不能避开上述安全隐患时，应采取措施保证场地对可能产生的自然灾害或次生灾害有充分的抵御能力。

5.2.2 选择已开发用地或利用废弃地，是节地的首选措施。废弃地包括不可建设用地（由于各种原因未能使用或尚不能使用的土地，如裸岩、石砾地、塌陷地、盐碱地、沙荒地、废窖地等），仓库与工厂弃置地等。利用原有的工业用地、垃圾填埋场地作为建筑用地时，应提供场地检测与再利用评估报告，为场地改造措施的选择和实施提供依据。

5.2.3 市政基础设施应包括供水、供电、供气、通信、道路交通和排水排污等基本市政条件。应根据市政条件进行场地建设容量的复核，建设容量的指标包括城市空间、紧急疏散空间、交通流量等。主要复核建筑容积率是否符合场地合理的开发强度。如果复核后不满足条件，应与上层规划条件的编制和审批单位进行协调，保障场地可持续发展。

5.2.4 用地竖向规划是指城镇开发建设地区(或地段)为满足道路交通、地面排水、建筑布置和城市景观等方面的综合要求，对自然地形进行利用、改造，确定坡度、控制高程和平衡土石方等而进行的规划设计。用地竖向规划可参照《城市用地竖向规划规范》CJJ 83－99进行城市用地选择及用地布局。

5.2.5 优先发展便利的公共交通是解决城市交通问题的重要对策。城市公共交通规划，应根据城市发展规模，用地布局和路网规划，在客流预测的基础上，充分利用公共交通系统，考虑公共交通的客运能是否满足高峰的需求。

非机动出行规律研究表明，为提高步行和公共交通的使用，当步行至公交站点的距离不超过 200 m 时，将会引导超过50%的人乘坐公共交通。因此，在场地规划中应充分考虑从建筑入口步行到公交车站、地铁站、班车和出租车停靠点的流线，使人能便捷、安全地到达公交站点，为绿色出行提供便利条件。

5.3 场地资源利用与环境保护

5.3.3 利用地下水应通过政府相关部门的审批，应保持原有地下水的形态和流向，不得过量使用地下水，避免造成地下水位下降或场地沉降。当地区整体改建时，应采取控制建设用地径流系数，设置雨水调蓄设施，增加雨水入渗等技术措施，保证改建后的径流量不得超过原有径流量。

5.3.4 旧城改造和城镇化进程中，既有建筑的保护和利用是节能减排的重要内容之一，也是保护建筑文化和生态文明的重要措施。大规模大拆重建与绿色建筑的理念是相悖的。

5.3.6 对场地内具有较高生态价值的植物，应做好保护措施，与新配植的植物形成新的植物景观。

古树名木的保护必须符合下列要求：

1 古树名木保护范围的划定符合下列要求：成行地带外绿树树冠垂直投影及其外侧 5 m 宽和树干基部外缘水平距离为树胸径 20 倍以内；

2 保护范围内不得损坏表土层和改变地表高程，除保护及加固设施外，不得设置建筑物、构筑物及架（埋）设各种过境管线，不得栽植缠绕古树名木的藤本植物；

    3 保护范围附近，不得设置造成古树名木的有害水、气的设施；

    4 采取有效的工程技术措施和创造良好的生态环境，维护其正常生长。

国家严禁砍伐、移植古树名木，或转让买卖古树名木。在绿化设计中要尽量发挥古树名木的文化历史价值的作用，丰富环境的文化内涵。

5.3.7 雨洪保护是生态景观设计的重要内容，即充分利用河道、景观水体的容纳功能，通过不同季节的水位控制，减少市政雨洪排放压力，也为雨水利用、渗透地下提供可能。

5.4 场地设计与室外环境

5.4.1 四川为多民族聚居地，有彝族、藏族、羌族、苗族、回族、蒙古族、土家族、傈僳族、满族、纳西族、布依族、白族、壮族、傣族等多个省内世居少数民族，具有丰富多样的文化和生活方式。四川位于亚热带范围内，由于复杂的地形和不同季风环流的交替影响，气候复杂多样。东部盆地属亚热带湿润气候，西部高原在地形作用下，以垂直气候带为主，从南部山地到北部高原，由亚热带演变到亚寒带，垂直方向上有亚热带到永冻带的各种气候类型。气候特征差异显著，东部冬暖、春旱、夏热、秋雨、多云雾、少日照、生长季长，西部则寒冷、冬长、基本无夏、日照充足、降水集中、干雨季分明；气候垂直变化大，气候类型多。随着经济的高速增长，城镇居民已越来越多采用夏季空调、冬季采暖等方式来解决冬夏季室内热环境问题。根据不同气候带，优化建筑布局，改善场地的微气候环境，从而降低建筑使用能耗，是被动式策略的重要途径。

5.4.2 通过日照模拟分析，确保冬季室外的有效阳光，是引导人们冬季走出家门、开展室外活动的基础条件。《城市居住区规划设计规范》GB 50180 中有关绿地日照的原文如下："组团绿地的设置应满足有不少于 1/3 的绿地面积在标准的建筑日照阴影范围之外的要求，并便于设置儿童游戏设施和适于成人游憩活动。"

室外照明不应对住宅外窗产生直射光线，场地和道路照明不得有直射光射入空中，地面反射光的眩光限值应符合现行国家相关标准的规定。

建筑幕墙设计时应综合判断玻璃幕墙设置位置及其所选用的幕墙形式、玻璃产品等是否合适，并应符合《玻璃幕墙光学性能》GB/T 18091 的规定。

5.4.3 建筑布局不合理不仅会产生二次风，还会严重地阻碍风的流动，在某些区域形成无风区和涡旋区，这对于室外散热和室内污染物排放是非常不利的，应尽量避免。基于 1980 年 Visser 关于室外热舒适的研究结果，建筑物周围行人区 1.5 m 处风速 v<5 m/s 是不影响人们的正常室外活动的基本要求。因此以此作为设计的依据。

表 5.4.1　风速和人的感觉直接的关系

风　速	人的感觉
$v < 5$ m/s	舒适
5 m/s $\leq v <$ 10 m/s	不舒适，行动受到影响
10 m/s $\leq v <$ 15 m/s	很不舒适，行动受到严重影响
15 m/s $\leq v \leq$ 20 m/s	不能忍受
$v > 20$ m/s	危险

计算机模拟辅助设计是解决复杂布局条件下风环境评估和预测的有效手段。实际工程中应采用可靠的计算机模拟程序，合理确定边界条件，基于典型的风向、风速进行建筑风环境模拟，建筑群体的局部风环境宜达到下述要求：

1　在建筑物周围行人区 1.5 m 处风速小于 5 m/s；

2　冬季保证建筑物前后压差不大于 5 Pa。

3　夏季保证 75% 以上的板式建筑前后保持 1.5 Pa 左右的压差，避免局部出现旋涡和死角，从而保证室内有效的自然通风。

5.4.4　根据不同类别的居住区，要求对场地周边的噪声现状进行检测，并对规划实施后的环境噪声进行预测，使之符合现行国家标准《声环境质量标准》GB3096 中对于不同类别居住区环境噪声标准的规定。对于交通干线两侧的居住区域，应满足白天 LAeq≤70 dB(A)、夜间 LAeq≤55 dB(A) 的要求。因此，一般需要在临街建筑外窗和围护结构等方面采取额外的隔声措施。

总平面规划中应注意噪声源及噪声敏感建筑物的合理布局，注意不把噪声敏感性高的居住用建筑安排在临近交通干道的位置，同时确保不会受到固定噪声源的干扰。通过对建筑朝向、定位及开口的布置，减弱所受外部环境噪声影响。

表 5.4.2　不同区域环境噪声标准

类别	0	1	2	3	4
昼间	50	55	60	65	70
夜间	40	45	50	55	55

注：0　类：疗养院、高级别墅区、高级宾馆；
　　1　类：居住、文化机关为主的区域；
　　2　类：居住、商业、工业混杂区；
　　3　类：工业区；
　　4　类：城市中的道路干线两侧区域。

临街的居住和办公建筑的室内声环境应满足现行国家标准《民用建筑隔声设计规范》GBJ 118 中规定的室内噪声标准。采用适当的隔离或降噪措施，如道路声屏障、低噪声路面、绿化降噪、限制重载车通行等隔离和降噪措施，减少环境噪声干扰。对于可能产生噪声干扰的固定的设备噪声源采取隔声和消声措施，降低环境噪声。

5.4.5　绿化遮阳是有效的改善室外微气候和热环境的措施，植物的搭配选择应避免对建筑室内和室外活动区的自然通风和视野产生不利影响。

5.4.7　建筑物场地内不应存在未达标排放或者超标排放的气

态、液态或固态的污染源，如未达标排放的厨房油烟、超标排放的煤气、污染物排放超标的垃圾等。若有污染源应积极采取相应的治理措施并达到无超标污染物排放的要求。垃圾房设计必须遵循国家现行的关于垃圾房设计方面的各项规范及要求。生活垃圾收集应满足日常生活和日常工作中产生的生活垃圾的分类收集要求，生活垃圾分类收集方式应与分类处理方式相适应。生活垃圾收集点位置应固定，既要方便居民使用、不影响城市卫生和景观环境，又要便于分类投放和分类清运。

5.4.8 场地设计应对原有的地形地貌、植被、水系进行合理保护与利用。"就近合理平衡"不是指简单地、机械地要求分单个工程、分片、分段的土石方数量的平衡，而是主张利用各种有利条件，以能否提高用地的使用质量、节省土石方及防护工程投资，提高开发效益等为衡量原则的适当范围内的土石方平衡，且规范所指"平衡"不含具体的土石方调运要求。

5.5 景观环境设计

5.5.1 透水铺装包括：镂空面积大于等于 40%的镂空铺装，以及符合产品标准《透水砖》JC/T 945 要求的透水砖。透水铺装的透水铺装率计算方法为：区域内采用的透水铺装面积与该区域硬化铺装地面（包括各种道路、广场、停车场，不包括消防通道及覆土小于 1.5 m 的地下空间上方的铺装地面）的百分比。

5.5.3 地面停车位遮荫率建议不小于 50%。另外，室外停车场需要重点考虑场地可能发生的积水问题，所以在铺地材料的选择上要首先考虑透水材料，如生态植草砖等。

5.5.4 儿童游乐场地指住宅区内或公共场所内专为儿童提供游乐玩耍的场地。该场地的设计除要满足儿童游乐场设计的基本规定外，还应做到如下部分：为考虑儿童玩耍时的安全性，儿童游乐场应设计为开敞式，便于家长观察和照看；为考虑儿童活动的舒适性，场地应保证有充足的日照和通风；为减少儿童玩耍给周边住宅带来的噪声，游乐场地要与居民住宅外窗保持一定距离；为保证儿童玩耍时安全性，游乐场地要与主要道路保持一定距离，且场地内设施要做到安全和尺度合适。

5.5.5 景观小品设计选择本地材料有利于降低经济成本，使用可循环利用材料、环保材料符合绿色建筑的要求。亭榭、雕塑、艺术装置等景观小品的设计既要考虑其美观性，也要考虑其可能带来的功能性，例如亭榭的避雨和遮风作用，雕塑与艺术装置的遮风和屏蔽噪声的作用等。

5.5.7 种植设计应满足场地使用功能的要求，如室外活动场地宜选用高大乔木，枝下净空不低于 2.2 m，且夏季乔木庇荫面积宜大于活动范围的 50%。种植设计应满足安全距离的要求。如，植物种植位置与建筑物、构筑物、道路和地下管线、高压线等设施的距离应符合相关要求。种植设计应满足绿化效果的要求，如集中绿地应栽植多种类型植物，采用乔、灌、草复层绿化。

5.5.8 种植设计中选择植物时，应选择适应当地气候和场地种植条件、易维护、耐旱的乡土植物，不宜选择易产生飞絮、有异味、有毒、有刺等对人体健康不利的植物，并应避免引入外来有害物地种。本地植物通常具有较强的适应能力，种植本地植物有利于确保植物的存活，降低养护费用。本地植物指数概念及数值要求可参考《城市园林绿化评价标准》，同时与《绿色建筑评价标准》GB/T 50378 的要求一致。

植物配置应注重体现四川省丰富的植物资源和具有地域特色的植物景观等。在进行种植设计时应根据植物的生态习性，并结合当地气候条件，如温度、湿度、降雨量等，以及场地的种植条件，如原土场地条件、地下工程上方的覆土场地厚度、种植方式、种植位置等进行配置。

绿化覆盖率计算公式：

绿化覆盖率=区域内的绿化覆盖面积/该区域用地总面积×100%

5.5.9 屋顶绿化设计前，应充分了解建筑的允许荷载及防水、排水的要求，绿化设计不得影响建筑结构安全及屋面排水。屋顶绿化应以绿地为主，最大程度地发挥植物的生态效应，减少屋顶硬质地面面积，降低屋顶产生的热岛效应。

屋顶绿化设计时宜根据屋面的形式，合理配置植物。宜种植耐旱、耐移栽、适应性强、外形较低矮的植物，不宜选择根系穿刺性强的植物。垂直绿化宜以地栽、容器栽植藤本植物为主，可根据不同的依附环境选择不同的植物，对建筑外墙、场地围墙、围栏、棚顶、车库出入口、地铁通风设施、道路护栏、建筑景观小品等处进行垂直绿化。

传统的垂直绿化方式主要为：在墙根种植攀援植物，使其爬满整个墙面，以外墙绿化比较常见，造价较低。目前，国内外有利用模块化的绿色植物种植箱贴附在墙面上，形成植物幕墙，也有利用植物来"砌墙"的，此类造价相对较高。无论采用何种方式都有利于降低建筑立面吸收的太阳辐射，改善建筑外墙热工效应，美化环境。因此，建议在有条件的地段采取合理的垂直绿化方式。

5.5.12 场地内的自然水体如湖面、河流、湿地等通常具有较高的生态价值，不仅有利于营造良好的场地内部生态环境，且对维持良好的区域生态环境有一定的作用。因此，应在满足规划设计要求的基础上，保留场地内水体。

5.5.13 生态化设计主要指通过采用生态驳岸、池底，种植水生植物等手段，增加水体净化能力，维持水体的生态功能及美观效果。

土壤水分入渗是流域土壤水分循环的重要物理过程之一，不仅影响着降雨产流动力学过程，而且与整个生态系统的水文循环过程密切相关。土壤水分入渗受到下垫面诸多因素的影响，如土壤含水率、土壤性质、地形、植被类型与覆盖度、土壤动物等自然因素，以及灌溉等对下垫面施加影响的人为管理因素。

5.5.14 针对水资源较为缺乏的地区，水景的设计应充分结合场地的气候条件、地形地貌、水源条件、雨水利用方式、雨水调蓄要求等进行设计。确需设计水景的，需要综合考虑场地内水量平衡情况，根据四川省各地区每年的平均降水量及景观设计美观需要，合理规划位置、深度、面积，最好能结合雨水收集、利用、调蓄设施进行设计。可将水井、水池作为雨水收集调蓄水池，利用水体水位高差变化调蓄雨水。

5.5.15 本条依据《城市夜景照明设计规范》JGJ/T 163 第 7.0.2 条和《城市夜景照明技术规范》DB11/T 388.3 第 5.2 节的有关规定。有条件时，景观照明设计可采用计算机模拟设计场地照明模型，使之在满足景观效果的前提下，采取有效措施以避免景观照明对住宅、公寓、医院病房、夜空、行人的光污染，并应满足下列要求：

1 景观照明的照明光线应严格控制在场地内，超出场地的溢散光不应超过 15%；

2 应严格控制夜景照明设施对住宅、公寓、医院病房等建筑产生干扰光，并应满足《城市夜景照明设计规范》JGJ/T 163 第 7.0.2 条的要求和《城市夜景照明技术规范》DB11/T 388.3 第 5.2 节的要求；

3 应合理设置夜景照明运行时段，及时关闭部分或全部景观照明内透光照明；

4 玻璃幕墙和表面材料反射比低于 0.2 的建筑立面照明宜采用内透光照明与轮廓照明相结合的方式，不应采用泛光照明方式；

5 初始灯光通量超过 1 000 lm 的光源宜采取遮光角措施。

建筑物立面、广告牌、街景、园林绿地、喷泉水景、雕塑小品等景观照明的规划，应根据道路功能、所在位置、环境条件等确定景观照明的亮度水平，同一条道路上的景观照明的亮度水平宜一致；重点建筑照明的亮度水平及其色彩与园林绿地、喷泉水景、雕塑小品等景观照明亮度及之间的过渡空间亮度水平应协调。

本条从节能的角度提出景观照明控制的一些要求，具体要求如下：公共建筑的景观照明按平日、一般节日、重大节日分组控制，以便于满足节日的特殊气氛要求，又能达到平日节能的要求。

当有科普教育、展示等需求时，或布线比较困难时，通过经济、技术两方面比较，景观照明可考虑采用小型太阳能路灯和风光互补路灯等可再生能源设施。

6 建筑设计与室内环境

6.1 一般规定

6.1.1 鼓励优先采用被动式设计方法，充分利用场地现有条件，来减少建筑能耗，提高室内舒适度。

6.1.2 建筑朝向的选择，涉及当地气候条件、地理环境、建筑用地情况等，必须全面考虑。选择的总原则是：在节约用地的前提下，要满足冬季能争取较多的日照，夏季避免过多的日照，并有利于自然通风的要求。建筑朝向应结合各种设计条件，因地制宜地确定合理的范围，以满足生产和生活的要求。建筑朝向(大多数条式建筑的主要朝向)与夏季主导季风方向宜控制在 30°到 60°间。建筑朝向应考虑可迎纳有利的局部地形风。在四川寒冷和严寒地区，为了尽量减少风压对房间气温的影响，建筑物尽量避免与当地冬季的主导风向发生正交。

建筑朝向受各方面条件的制约，所有建筑有时不能均处于最佳或适宜朝向。当建筑采取东西向和南北向拼接时,必须考虑两者接受日照的程度和相互遮挡的关系。

6.1.3 建筑形体与日照、自然通风与噪声等因素都有密切的关系，在设计中仅仅孤立地考虑形体因素本身是不够的，需要与其他因素综合考虑，才有可能处理好节能、省地、节材等要求之间的关系。建筑形体的设计应充分利用场地的自然条件，综合考虑建筑的朝向、间距、开窗位置和比例等因素，使建筑获得良好的日照、通风采光和视野。规划与建筑单体设计时，宜通过场地日照、通风、噪声等模拟分析确定最佳的建筑形体。

可采用以下措施：

1 宜利用计算机日照模拟分析，以建筑周边场地以及既有建筑为边界前提条件，确定满足建筑物最低日照标准的最大形体与高度，并结合建筑节能和经济成本权衡分析；

2 夏热冬冷地区宜通过改变建筑形体如合理设计底层架空改善后排住宅的通风；

3 建筑单体设计时，在场地风环境分析的基础上，宜通过调整建筑长宽高比例，使建筑迎风面压力合理分布；

4 建筑造型宜与隔声降噪有机结合，可利用建筑裙房或底层凸出设计等遮挡沿路交通噪声，且面向交通主干道的建筑面宽不宜过宽。

6.1.4 有些建筑由于体型过于追求形式新异，造成结构不合理、空间浪费或构造过于复杂等情况，引起建造材料大量增加或运营费用过高。这些做法不符合绿色建筑的原则，应该在建筑设计中避免。

为片面追求美观而以巨大的资源消耗为代价，不符合绿色建筑的基本理念。在设计中应控制造型要素中没有功能作用的装饰构件的应用。应用没有功能作用的装饰构件主要指：1）不具备遮阳、导光、导风、载物、辅助绿化等作用的飘板、格栅和构架等，且作为构成要素在建筑中大量使用；2）单纯为追求标志性效果，在屋顶等处设立塔、球、曲面等异形构件；3）女儿墙高度超过规范要求2倍以上；4）不符合当地气候条件，并非有利于节能的双层外墙（含幕墙）的面积超过外墙总建筑面积的 20%。

6.1.5 绿色建筑设计应避免设置超越需求的建筑功能及空间，材料的节省首先有赖于建筑空间的高效利用；每一功能空间的大小应根据使用需求来确定，不应设置无功能空间，或随意扩大过渡性和辅助性空间。

建筑体量过于分散，则其地下室、屋顶、外墙等的外围护材料和施工、维护耗材等都将大量增加，因此应尽量将建筑集中布置；另一方面，由于高层建筑单位面积的结构、设备等材料消耗量较高，所以在集中的同时尚应注意控制高层建筑量。层高的增加会带来材料用量的增加，尤其高层建筑的层高需要严格控制。降低层高的手段包括优化结构设计和设备系统设计、不设装饰吊顶等。

6.1.6 建筑设计应根据抗震概念设计的要求明确建筑形体的规则性，抗震概念设计将建筑形体的规则性分为：规则、不规则、特别不规则、严重不规则。建筑形体的规则性应根据现行国家标准《建筑抗震设计规范》GB 50011 的有关规定进行划分。为实现相同的抗震设防目标，形体不规则的建筑，要比形体规则的建筑耗费更多的结构材料。不规则程度越高，对结构材料的消耗量越多，性能要求越高，不利于节材。

6.2 空间合理利用

6.2.1 建筑中休息空间、交往空间、会议设施、健身设施等的共享，可以有效地提高空间的利用效率，节约用地、节约建设成本及对资源的消耗。还应通过精心设计，避免过多的大厅、中庭、走廊等交通辅助空间，避免因设计不当形成一些很难使用或使用效率低的空间。

6.2.2 为适应预期的功能变化，设计时应选择适宜的开间和层高，并应尽可能采用轻质内隔墙。公共建筑宜考虑使用功能、使用人数和使用方式的未来变化。居住建筑宜考虑如下预期使用变化：

  1 家庭人口的预期变化，包括人数及构成的变化；

  2 考虑住户的不同需求，可以对室内空间进行灵活分隔。

6.2.3 各功能空间要充分利用现场自然资源，例如（直射或漫射）阳光这一清洁能源，发挥其采光、采暖和杀菌的作用；充分利用自然通风降低能耗，提高舒适性。窗户除了有自然通风和自然采光的功能外，还具有在从视觉上起到沟通内外的作用，良好的视野有助于使用者心情愉悦，宜适当加大拥有良好景观视野朝向的开窗面积以获得景观资源，但必须对可能出现的围护结构节能性能、声环境质量下降进行补偿设计。城市中的建筑之间的距离一般较小，应精心设计，尽量避免前后左右使用空间之间的视线干扰。两幢住宅楼居住空间的水平视线距离宜大于 18 m。

6.2.4 需求相同或相近的空间集中布置，有利于统筹布置设备管线，减少能源损耗，减少管道材料的使用。根据房间声环境要求的不同，对各类房间进行布局和划分，可以达到区域噪声控制的良好效果。

6.2.5 有噪声、振动、电磁辐射、空气污染的水泵房、空调机房、发电机房、变配电房等设备机房和停车库，宜远离住宅、宿舍、办公室等人员长期居住或工作的房间或场所。当受条件限制无法避开时，应采取隔声降噪、减振、电磁屏蔽、通风等措施。条件许可时，宜将噪声源设置在地下。

6.2.6 设备机房布置在负荷中心以利于减少管线敷设量及管路耗损。

6.2.7 绿色建筑鼓励减少电梯的使用，通过改善楼梯间的舒适度鼓励人们使用楼梯，以利于使用者健康和节省能源，楼梯踏步及扶手设计宜舒适宜人。日常使用的楼梯设置应尽量结合消防疏散楼梯，并使其便于人们日常使用。

6.2.8 自行车库的停车数量应满足实际需求，配套的淋浴、更衣设施可以借用建筑中其他功能的淋浴、更衣设施，但要便于骑自行车人的使用。要充分考虑班车、出租车停靠、等候、和下车后步行到建筑入口的流线。

6.2.9 绿色建筑应尽量服务更多的人群，有条件时宜开放一些空间供社会公众享用，增加公众的活动与交流空间，提高绿色建筑空间的利用效率。

6.3 自然采光

6.3.1 《建筑采光设计标准》GB/T 50033 和《民用建筑设计通则》GB 50352 规定了各类建筑房间的采光系数最低值。

一般情况下住宅各房间的采光系数与窗地面积比密切相关，因此可利用窗地面积比的大小调节室内自然采光。房间采光效果还与当地的天空条件有关，《建筑采光设计标准》

GB/T 50033 根据年平均总照度的大小,将我国分成 5 类光气候区,每类光气候区有不同的光气候系数 K, K 值小说明当地的天空比较"亮",因此达到同样的采光效果,窗墙面积比可以小一些,反之亦然。

办公、宾馆类建筑主要功能空间不包括储藏室、机房、走廊和楼梯间、卫生间及其他使用率低的附属房间,也不包括不需要阳光的房间。

6.3.2 建筑功能的复杂性和土地资源的紧缺,使建筑进深不断加大,为了满足人们心理和生理上的健康需求并节约人工照明的能耗,就要通过一定技术手段将天然光引入地上采光不足的建筑空间和地下建筑空间内部。如导光管、光导纤维、采光搁板、棱镜窗等,通过反射、折射、衍射等方法将自然光导入和传输。

为改善室内的自然采光效果,可以采用反光板、棱镜玻璃窗等措施将室外光线反射到进深较大的室内空间。无自然采光的大空间室内,尤其是儿童活动区域、公共活动空间,可使用导光管技术,将阳光从屋顶引入,以改善室内照明质量和自然光利用效果。

地下空间利用率日益提高,地下空间充分利用自然采光可节省白天人工照明能耗,创造健康的光环境。在地下室设计下沉式庭院,或使用窗井、采光天窗来自然采光,要注意设计好排水、防漏等问题。当地下车库的覆土厚度达到 3 m 以上时,使用镜面反射式导光管效率较低,不宜采用。光导纤维导光系统成本较高,可少量使用。

6.4 自然通风

6.4.1 自然通风是在风压或热压推动下的空气流动。自然通风是实现节能和改善室内空气品质的重要手段，提高室内热舒适度的重要途径。在建筑设计和构造设计中，建筑空间布局、剖面设计和门窗的设置应有利于夏季和过渡季节自然通风，可采取诱导气流、促进自然通风的主动措施，如导风墙、拔风井等以促进室内自然通风的效率。采用数值模拟技术定量分析风压和热压作用在不同区域的通风效果，综合比较不同建筑设计及构造设计方案，确定最优自然通风系统设计方案。

6.4.2 穿堂通风可有效避免单侧通风中出现的进排气流参混、短路、进气气流不能充分深入房间内部等缺点，因此宜采用穿堂通风。要得到好的穿堂通风效果，还应使主要房间处于上游段，避免厨房、卫生间等房间的污浊空气随气流流入其他房间，影响室内空气品质。由于是空气动力系数小的窗口排风，因此设计中应使厨房、卫生间窗口的空气动力系数小于其他房间窗口的空气动力系数。总之，要获得良好的自然穿堂风，需要如下一些基本条件：1）室外风要达到一定的强度；2）室外空气首先进入卧室、客厅等主要房间；3）穿堂气流通道上，应避免出现喉部；4）气流通道宜短而直；减小建筑外门窗的气流阻力。当采用穿堂通风时，宜满足下列要求：

    1 使进风窗迎向主导风向，排风窗背向主导风向；

    2 通过建筑造型或窗口设计等措施加强自然通风，增大进、排风窗空气动力系数的差值；

    3 当由两个和两个以上房间共同组成穿堂通风时，房间的气流流通面积宜大于进排风窗面积；

　　4　由一套住房共同组成穿堂通风时，卧室、起居室应为进风房间，厨房、卫生间应为排风房间；进行建筑造型、窗口设计时，应使厨房、卫生间窗口的空气动力系数小于其他房间窗口的空气动力系数；

　　5　利用穿堂风进行自然通风的建筑，其迎风面与夏季最多风向宜成 60°～90°角，且不应小于 45°角。

　　单侧通风通常效果不太理想，因此在采用单侧通风时，要有强化措施使单面外墙窗口出现不同的风压分布，同时增大室内外温差下的热压作用。进排风口的空气动力系数差值增大，可加强风压作用；增加窗口高度可加强热压作用。当无法采用穿堂通风而采用了单侧通风时，宜满足下列要求：

　　1　通风窗所在外窗与主导风向间夹角宜为 40°～65°；

　　2　应通过窗口及窗户设计，在同一窗口上形成面积相近的下部进风区和上部排风区，并宜通过增加窗口高度以增大进、排风区的空气动力系数差值；

　　3　窗户设计应使进风气流深入房间；

　　4　窗口设计应防止其他房间的排气进入本房间窗口；

　　5　宜利用室外风驱散房间排气气流。

6.4.3　应避免冬季因为自然通风导致室内热量的流失，如设置门斗、自然通风器等对新风进行预热。

6.4.4　开窗位置宜选在周围空气清洁、灰尘较少、室外空气污染小的地方，避免开向噪声较大的地方。高层建筑应考虑风速过高对窗户开启方式的影响。

　　建筑能否获取足够的自然通风与通风开口面积的大小密

切相关，近来有些建筑为了追求外窗的视觉效果和建筑立面的设计风格，外窗的可开启率有逐渐下降的趋势，有的甚至使外窗完全封闭，导致房间自然通风不足，不利于室内空气流通和散热，不利于节能。

《绿色建筑评价标准》GB/T 50378 中规定"生活和工作房间的外窗（包括阳台门）可开启面积在夏热冬暖和夏热冬冷地区不应小于该房间地板面积的 8%，在其他地区不应小于 5%"。《住宅设计规范》GB 50096 - 1999 中规定"厨房的外窗（包括阳台门）可开启面积不应小于该房间地板面积的 10%，并不得小于 0.60 m²"。透明幕墙也应具有可开启部分或设有通风换气装置，结合幕墙的安全性与气密性，为可开启面积应不小于幕墙透明面积的 10%。

办公建筑与教学楼内的室内人员密度比较大，建筑室内空气流动，特别是自然、新鲜空气的流动，对提高室内工作人员与学生的工作、学习效率非常关键。日本绿色建筑评价标准（CASBEE for New Construction）对办公建筑和学校的外窗可开启面积设定了 3 个等级：1）确保可开关窗户的面积达到居室面积的 1/10 以上；2）确保可开关窗户的面积达到居室面积的 1/8 以上；3）确保可开关窗户的面积达到居室面积的 1/6 以上。为了最大化自然通风的效果，提高工作与学习效率，宜采用 1/6 的数值。

自然通风的效果不仅与开口面积有关，还与通风开口之间的相对位置密切相关。在设计过程中，应考虑通风开口的位置，尽量使之能有利于形成穿堂风。

6.4.5 中庭的热压通风，是从中庭底部从室外进风，从中庭顶部排出，在冬季中庭应严密封闭，以使白天充分利用温室效应。拔风井的设置应考虑在自然环境不利时可控制、可关闭的措施。住宅建筑的主要功能房间换气次数不宜低于1次/h。

6.4.6 在建筑设计中，越来越多的建筑采用地下空间（地下室或半地下室）用作车库或储藏室和超市等。地下空间（如地下车库、）的自然通风，可提高地下空间品质，节省机械通风能耗。设置下沉式庭院不仅促进了天然采光通风，还可以增加绿化率，丰富景观空间。地下停车库的下沉庭院要注意避免汽车尾气对建筑使用空间的影响；下沉庭院应组织好排水。

6.4.7 夏季暴雨时、冬季采暖季节，多数用户会关闭外窗，会造成室内通风不畅，影响室内热环境。根据实测和调查：当室内通风不畅或关闭外窗，室内干球温度 26 °C，相对湿度 80% 左右时，室内人员仍然感到有些闷，所以需要对夏季暴雨、冬季采暖等室外环境不利时关闭外窗情况下的自然通风措施加以考虑。

6.5 围护结构

6.5.1 建筑围护结构节能设计达到国家和地方节能设计标准的规定，是保证建筑节能的关键，在绿色建筑中更应该严格执行。我国由于地域气候差异较大，经济发达水平也很不平衡，节能设计的标准在各地也有一定差异；此外，公共建筑和住宅建筑在节能特点上也有差别，因此体型系数、窗墙面积比、外围护结构热工性能、外窗气密性、屋顶透明部分面积比的规定限值应参照国家及四川省节能设计标准的要求。

体形系数控制建筑的表面面积，减少热损失。窗户是建筑外围护结构的薄弱环节，控制窗墙面积比，是控制整个外围护结构热工性能的有效途径。围护结构热工性能通常包括屋顶、外墙、外窗等部位的传热系数、遮阳系数等限值。外窗气密性在各规范标准中的要求，主要根据现行国家标准《建筑外窗气密性能分级及其检测方法》GB 7107 的规定。屋顶透明部分的夏季阳光辐射热量对制冷负荷影响很大，对建筑的保温性能也影响较大，因此绿色建筑应控制屋顶透明部分的面积比。现在建筑的中庭常做透明的屋顶天窗，鼓励适当设置可开启扇，在适宜季节利用烟囱效应引导热压通风，使热空气从中庭顶部排出，在冬季则应严密封闭，充分利用白天阳光产生的温室效应。

鼓励绿色建筑的围护结构做的比国家和地方的节能标准更高，这些建筑在设计时应利用软件模拟分析的方法计算其节能率，以定量地判断其节能效果。

6.5.2 西向日照对夏季空调负荷影响最大，西向主要使用空间的外窗应做遮阳措施。可采取固定或活动外遮阳措施，也可借助建筑阳台、垂直绿化等措施进行遮阳。

南向宜设置水平遮阳，西向宜采取竖向遮阳等形式。

如果条件允许，外窗、玻璃幕墙或玻璃采光顶可以使用可调节式外遮阳，设置部位可优先考虑西向、玻璃采光顶、南向。

可提高玻璃的遮阳性能，如南向、西向外窗选用低辐射镀膜（Low-E）玻璃。

可利用绿化植物进行遮阳，在进行景观设计时在建筑物的南向与西向种植高大落叶乔木对建筑进行遮阳，还可在外墙种植攀缘植物，利用攀缘植物进行遮阳。

6.5.3 自身保温性能好的外墙材料如蒸压加气混凝土。外墙遮阳措施可采用花格构件或爬藤植物等方式。建筑西向外墙在夏季得到的太阳辐射热较多，对室内空调能耗影响较大，在建筑外墙可采用攀援植物或模块化垂直绿化，遮挡西晒，同时美化环境，改善小气候。南向和东向也鼓励设置垂直绿化。

墙体设计应满足下列要求：

1 严寒、寒冷地区与夏热冬冷地区外墙出挑构件及附墙部件等部位应保证保温层闭合，避免出现热桥；

2 外墙外保温的窗户周边及墙体转角等应力集中部位应采取增设加强网等措施防止裂缝；

3 夹芯复合保温外墙上的钢筋混凝土梁、板处，应采用保温隔热措施；

4 夹芯复合保温外墙的内侧宜采用热惰性较好的重质密实材料；

5 非采暖房间与采暖房间的隔墙和楼板应设置保温层；

6 温度要求差异较大或空调、采暖时段不同的房间之间宜有保温隔热措施。

6.5.4 本条要求主要是避免外窗处的热桥以加强围护结构保温隔热性能。

6.5.5 屋顶绿化分为简单式屋顶绿化或花园式屋顶绿化，在设计时应充分考虑其对建筑荷载、女儿墙高度等影响，以及阻根防水、排水等问题。大于 15°的坡屋面、放置设备、管道、太阳能板等及电气用房屋顶等不适宜做绿化屋面。

浅色屋面通常采用的热反射型涂料的热反射性能，反射和阻隔室外太阳光线和室内辐射热，并将进入涂层的能量辐射到外部空间，从而降低外表面温度，提高顶层空间的夏季热舒适度，降低建筑物制冷能耗，同时避免夏季昼夜温差周期性波动形成屋顶疲劳开裂。通风屋面和屋面遮阳也是降低屋顶热辐射，提高夏季室内舒适度的措施。

6.6 室内声环境

6.6.1 随着我国经济、科技的发展，各种交通工具和用于民用建筑的机械、设备都越来越多，使得噪声源不断增多；同时也出现了许多新型轻质建筑材料，使得建筑的隔声降噪能力减弱。由于以上这些原因，建筑内的噪声干扰问题日益突出，严重影响了人们的身心健康，同时影响人们正常休息、学习和工作。

绿色建筑设计倡导为人类提供健康舒适的室内环境，建筑隔声减振设计应得到重视。

室内允许噪声级应采用 A 声级作为评价量。本标准中的室内允许噪声级应为关窗状态下昼间和夜间时段的标准值。昼间和夜间对应的时间分别为：昼间，6:00—22:00 时；夜间，22:00—6:00 时。室内噪声级的测量应按照相应规范规定执行。

建筑的围护结构主要包括外墙、内墙、楼（地）面、顶板（屋面板）、门窗，这些都是噪声的传入途径。通过对这些结构构造合理设计，应使其至少满足《民用建筑隔声设计规范》GB 50118 中的低限要求。

6.6.2 《民用建筑隔声设计规范》GB 50118 规定了毗邻城市交通干道的建筑的外窗要求应高于其他外窗。根据需要可在临交通干道一侧设置双层窗以提高隔声性能或采用隔声窗。

6.6.3 隔声屏障的隔声量随宽度和高度增大而增大，屏障表面宜布置吸声材料。

6.6.4 楼板的隔声包括对撞击声和空气声两种声的隔绝性能。一般来说，达到楼板的空气声隔声标准不难。据测定，120 mm 厚的钢筋混凝土空气隔声量在 48～50 dB，但撞击声压级在 80 dB 以上，远达不到要求。

弹性面层对中高频的撞击声改善比较明显，而改善值的大小，决定于面层材料的弹性。弹性越好，撞击声改善的起始频率越低，曲线的坡度越陡。一般弹性面层有木地板、橡胶塑料、厚地毯，其中，厚地毯的效果较突出。

弹性垫层主要是做浮筑楼板。其做法是在混凝土楼板上铺设隔声减振垫层，在垫层之上做 40 厚细石混凝土，做铺装各种面层。其中，垫层材料需要采用弹性好的材料，同时不宜过于轻薄。垫层如果采用性能不同的材料做成两层，效果更好。在地面施工过程中，应注意漏浆和垫层中设备管线铺设不当等原因引起的声桥。

吊顶能减少楼板直接向下辐射的声能。厚重的吊顶隔声性能较好；吊顶与楼板间空气层厚度越大，隔声性能越好；吊顶与楼板间的连接采用弹性连接可提高隔声效果。

6.6.5 建筑设计中，轻型屋盖的使用越来越广泛，但落雨冲击时，室内将产生雨噪声。大跨度轻质屋盖工程设计中，突显出雨噪声问题。

为隔绝雨噪声，可在轻质屋面板上增设玻璃棉吸声层和密实的隔声板组成的复合隔吸声构造，或在屋面板下喷吸声纤维层。

6.6.6 建筑内主要噪声源包括设备机房、空调通风系统、卫生间、水泵房、电梯井等。

设备机房的墙体要求进行隔声吸声处理，尤其是与敏感房间相邻时，应增设隔声层。机房隔声可采用吸声减噪的方式，在墙面采用穿孔板吸声构造，在屋面喷涂吸声纤维或采用矿棉板吸声吊顶。当设备机房与敏感房间相邻时，条件允许时应做浮筑楼板；若条件不允许，需对设备进行隔振处理，可采用减振弹簧或减震垫。对于功率大、自重大的设备应采用混凝土惯性基座，并用阻尼弹簧减振器与设备连接。机房内设备应选用低噪声、低振动的设备。机房的门应采用防火隔声门，隔声量要求达到 35 dB 以上。

空调通风系统的噪声控制可通过如下途径来解决：

1 选用低噪声的设备系统；

2 系统应进行合理的消声设计，并控制气流速度，对气流噪声进行限制；

3 采用适当的隔声构件将噪声源与接收者分开，包括隔声的隔墙、楼板、门窗等构件、隔声罩、隔声屏障等；

4 进行设备基础隔振处理和管道隔振处理。

卫生间的隔声处理包括选择隔音塑料排水管材、合理选择坐便器冲水方式以及合理确定给水管管径等方式。降低水泵房的处理方式有：

1 选择低噪声、低转速水泵；

2 水泵基础设弹性减振器、橡胶减振垫等；

3 与水泵连接的管道支架采用弹性吊架；

4 水泵出水管设缓闭式止回阀；

5 在水泵进出管装设柔性接头。

电梯机房及管道应避免与有安静要求的房间相邻，当受条件限制而紧邻布置时，应采取下列隔声降噪措施：

1 电梯机房墙面及顶棚应做吸声处理，门窗应选用隔声门窗，地面应做隔声处理；

2 电梯井道与安静房间之间的墙体做隔声构造处理；

3 电梯设备应采取减振措施。

6.7 室内空气质量

6.7.1 根据室内环境空气污染的测试，目前室内环境空气中，除了人员密集区域由于新风量不足而造成室内空气中二氧化碳浓度超标外，造成室内环境空气污染的主要有毒有害气体（氨气污染除外）主要是通过装饰装修工程中使用的建筑材料、装饰材料、家具等释放出的。其中，细木工板（大芯板）、胶合板、复合木地板等板材类，内墙涂料、油漆等涂料类，各种黏合剂均释放出甲醛气体、非甲烷类挥发性有机气体，是造成室内环境空气污染的主要污染源。室内装修设计时应少用人造板材、胶黏剂、壁纸、化纤地毯等，禁止使用无合格报告的人造板材、劣质胶水等不合格产品，尽量不使用添加甲醛树脂的木质和家用纤维产品。

为避免过度装修导致的空气污染物浓度超标，在进行室内装修设计时，宜进行室内环境质量预评价。设计时根据室内装修设计方案和空间承载量、材料的使用量、室内新风量等因素，对最大限度能够使用的各种材料的数量做出预算。根据设计方案的内容，分析、预测建成后存在的危害室内环境质量因素的种类和危害程度，提出科学、合理和可行的技术对策措施，作为该工程项目改善设计方案和项目建筑材料供应的主要依据。

完善后的装修设计应保证室内空气质量符合现行国家标准的要求，空气的物理性、化学性、生物性、放射性参数必须符合现行国家标准《室内空气质量标准》 GB/T 18883 等标准的要求。室外环境空气质量较差的地区，室内新风系统宜采取必要的处理措施以提高室内空气品质。

因使用的室内装修材料、施工辅助材料以及施工工艺不合规范，造成建筑建成后室内环境长期污染难以消除，也对施工人员健康产生危害，是目前较为普遍的问题。为杜绝此类问题，必须严格按照《民用建筑工程室内环境污染控制规范》GB 50325 和现行国家标准关于室内建筑装饰装修材料有害物质限量的相关规定，选用装修材料及辅助材料。鼓励选用比国家标准更健康环保的材料，鼓励改进施工工艺。

目前主要采用的有关建筑材料放射性和有害物质的国家标准有：

1 《建筑材料放射性核素限量》GB 6566；

2 《室内装饰装修材料人造板及其制品中甲醛释放限量》GB 18580；

3 《室内装饰装修材料溶剂木器涂料中有害物限量》GB 18581；

4 《室内装饰装修材料内墙涂料中有害物质限量》GB 18582；

5 《室内装饰装修材料胶粘剂中有害物质限量》GB 18583;

6 《室内装饰装修材料木家具中有害物质限量》GB 18584;

7 《室内装饰装修材料壁纸中有害物质限量》GB 18585;

8 《室内装饰装修材料聚氯乙烯卷材地板中有害物质限量》GB 18586;

9 《室内装饰装修材料地毯、地毯衬垫及地毯用胶粘剂中有害物质释放限量》GB 18587;

10 《混凝土外加剂中释放氨的限量》GB 18588;

11 《民用建筑工程室内环境污染控制规范》GB 50325。

6.7.2 产生异味或空气污染物的房间与其他房间分开设置,可避免其影响其他空间的室内空气品质,便于设置独立机械排风系统。

6.7.3 在人流量较大建筑的主要出入口,在地面采用至少 2 m 长的固定门道系统,阻隔带入的灰尘、小颗粒等,使其无法进入该建筑。固定门道系统包括格栅、格网、地垫等。地垫宜每周保洁清理。

6.7.4 自然通风可以提高居住者的舒适感,有助于健康。在室外气象条件良好的条件下,加强自然通风还有助于缩短空调设备的运行时间,降低空调能耗,绿色建筑应特别强调自然通风。

住宅能否获取足够的自然通风与通风开口面积的大小密切相关,本条文规定了住宅居住空间通风开口面积与地板最小面积比。一般情况下,当通风开口面积与地板面积之比不小于 5%时,房间可以获得比较好的自然通风。由于气候和生活习惯的不同,南方更注重房间的自然通风,因此本条文规定在夏热冬暖和夏热冬冷地区,通风开口面积与地板面积之比不小于 8%。

自然通风的效果不仅与开口面积与地板面积之比有关，事实上还与通风开口之间的相对位置密切相关。在设计过程中，应考虑通风开口的位置，尽量使之能有利于形成"穿堂风"。

6.7.5 室内空气质量现场检测结果应符合标准《民用建筑工程室内环境污染控制规范》GB 50325 中的有关规定，超高层建筑同样适用。考虑到运行阶段人员的健康安全，新增运行阶段室内空气污染物浓度的限值要求，即建筑室内空气质量应符合《室内空气质量标准》GB/T 18883 的规定。

为了降低室内空气污染超标的风险治理室内空气质量成本，在装饰装修设计阶段，即需根据室内装饰装修方案，分析预测工程建成后存在的危害室内空气质量的因素和程度，提出相应技术对策，作为改善设计方案的依据。在预评估时，根据"总量控制"原则，分析每一个污染源的释放特征，计算其有害气体释放水平，再将所有污染源释放量求和，使其低于室内空气质量标准。根据设计方案及建筑设计说明等材料，选取典型功能房间进行预测，重点预测评估甲醛、苯等有机物污染水平，同时兼顾颗粒物污染等。

6.7.6 超高层建筑由于高度落差较大，高度梯度范围内的空气质量也不相同，必须综合考虑风向、地理位置、建筑布局、高度、大气环境质量等因素，合理选择新风采气口位置，以此来提高室内新风的空气品质。另外，新风口位置必须考虑避开厨房、卫生间的排风口等不合理区域。

6.7.7 建筑内设置室内空气污染物浓度监测、报警和控制系统，预防和控制室内空气污染，保护人体健康。在主要功能房间，利用传感器对室内主要位置的二氧化碳和空气污染物浓度进行数据采集，将所采集的有关信息传输至计算机或监控平台，进行数据存储、分析和统计，二氧化碳和污染物浓度超标时能实现实时报警;检测进、排风设备的工作状态，并与室内空气污染监控系统关联，实现自动通风调节。在报告厅、会议厅等人员变化大的区域，基于环境健康舒适性和节能的双向需求，应设置有监控系统，即时根据情况变化进行调节，利用传感器对室内主要位置的二氧化碳和空气污染物浓度进行数据采集，将所采集的有关信息传输至计算机或监控平台，根据实时的二氧化碳和污染物浓度对新风供应量进行(自动或人工)调节。对于地下停车场，要求对一氧化碳浓度进行监控。

6.7.8 通风换气是降低室内空气污染的有效措施，设置新风换气系统有利于引入室外新鲜空气，排出室内混浊气体，保证室内空气质量，满足人体的健康要求。为满足人体正常生理需求，要求新风量达到每人每小时 30 m^3。

6.7.9 卧室、起居室（厅）使用蓄能、调湿或改善室内空气质量的功能材料有利于降低采暖空调能耗、改善室内环境。虽然目前建筑市场上还少有可以大规模使用的这类功能材料，但作为绿色建筑应该鼓励开发和使用这类功能材料。目前较为成熟的这类功能材料包括空气净化功能纳米复相涂覆材料、产生负离子的功能材料、稀土激活保健抗菌材料、湿度调节材料、温度调节材料等。

7 建筑材料及建筑工业化

7.1 一般规定

7.1.2 建筑材料中有害物质含量应符合现行国家标准 GB 18580 – 18588 和《建筑材料放射性核素限量》GB 6566 的要求，应通过对材料的释放特性和施工、拆除过程的环境污染控制，达到绿色建筑全寿命周期的环境保护目标。环境污染控制的标准是随着技术和经济的发展而变化的，应按照最新的相关标准选用材料。

7.2 节 材

7.2.1 在设计过程中对地基基础、结构体系、结构构件进行优化，能够有效地节约材料用量。结构体系指结构中所有承重构件及其共同工作的方式。结构布置及构件截面设计不同，建筑的材料用量也会有较大的差异。

7.2.2 土建和装修一体化设计可以事先统一进行建筑构件上的孔洞预留和装修面层固定件的预埋，避免在装修施工阶段对已有建筑构件打凿、穿孔和拆改。土建和装修一体化设计既保证了结构的安全性，又减少了噪声、能耗和建筑垃圾，还可减少材料消耗，降低装修成本。一体化设计也应考虑用户个性化的需求。

7.2.3 装配式轻质隔墙是指便于拆改、便于再利用的板材隔墙、骨架隔墙、活动隔墙、玻璃隔墙等，非装配式隔墙是指不便拆改、很难再利用的砌块墙、钢筋混凝土墙等；可变换功能的房间一般有办公室、商场、餐厅、会议室、多功能厅等。

7.3 材料利用

7.3.1 选用四川省本地的建筑材料和制品可提高因地制宜、就地取材生产的建材产品所占比例，可节约运输成本，减少运输过程对环境的污染，发展地方经济。主要包括墙体屋面材料、保温材料、装修材料等。运输距离应控制在施工现场 500 km 之内。

7.3.2 采用高强高性能混凝土可以减小构件截面尺寸，节约混凝土用量，提高混凝土耐久性，延长混凝土结构的使用寿命，增加建筑物使用面积。在普通混凝土结构中，受力钢筋优先选用 HRB400、HRB500 级热轧带肋钢筋；在预应力混凝土结构中，宜使用高强螺旋肋钢丝以及三股钢绞线。选用轻质高强钢材可减轻结构自重，减少材料用量。

7.3.3 在选择外墙装饰材料时（特别是高层建筑），宜选择耐久性较好的材料，以延长外立面维护、维修的时间间隔。因为造价低廉，外墙装饰材料选用涂料、面砖的比较多。涂料每隔 5 年左右需要重新粉刷，维护成本和劳动力投入较多。面砖则因为施工质量的原因经常脱落，应用在高层建筑上容易形成安全隐患，所以在使用面砖时，应采取有效措施防止其脱落。此外室外露出的钢制部件宜使用不锈钢、热镀锌等进行表面处理，或采用铝合金等防腐性能较好的产品替代。

7.3.4 建筑频繁使用的活动配件应考虑选用长寿命的优质产品，构造上易于更换。幕墙的结构胶、密封胶等也应选用长寿命的优质产品。同时设计还应考虑为维护、更换操作提供便利条件。

7.3.5 可循环材料是指拆除后能被再循环利用的材料，主要包括金属材料（钢材、铜、铝合金）、玻璃、石膏制品、木材等。

7.3.6 利用废弃材料中的废弃物主要包括建筑废弃物、工业废弃物和生活废弃物。在满足使用性能的前提下，鼓励使用建筑废弃物再生骨料制作的混凝土砌块、水泥制品和配制再生混凝土；鼓励使用利用工业废弃物、农作物秸秆、建筑垃圾、淤泥为原料制作的水泥、混凝土、墙体材料、保温材料等建筑材料；鼓励使用生活废弃物经处理后制成的建筑材料。

7.3.7 在设计过程中，应最大限度利用建设用地内拆除的或其他渠道收集得到的既有建筑的材料，以及建筑施工和场地清理时产生的废弃物等，延长其使用期，达到节约原材料、减少废物的目的，同时也降低由于更新所需材料的生产及运输对环境的影响。设计中需考虑的可再利用旧建筑材料包括木地板、木板材、木制品、混凝土预制构件、金属、装饰灯具、砌块、砖石、保温材料、玻璃、石膏板、沥青等。利用的旧建筑材料的重量不宜低于场地内的可利用旧建筑材料重量的30%。

7.3.8 可快速再生的天然材料指持续的更新速度快于传统的开采速度(从栽种到收获周期不到 10 年)。可快速更新的天然材料主要包括树木、竹、藤、农作物茎秆等在有限时间阶段内收获以后就可更换的资源。我国目前主要的产品有：各种轻质墙板、保温板、装饰板、门窗等。快速再生天然材料及其制品的应用一定程度上可节约不可再生资源，并且不会明显地损害生物多样性,不会影响水土流失和影响空气质量,是一种可持续的建材，它有着其他材料无可比拟的优势。但是木材的利用需要以森林的良性循环为支撑，采用木结构时，应利用速生丰产林生产的高强复合工程用木材，在技术经济允许的条件下，利用从森林资源已形成良性循环的国家进口的木材也是可以鼓励的。

7.3.9 功能性建材是在使用过程中具有利于环境保护或有益于人体健康功能的建筑材料。它们通常包括抗菌材料、空气净化材料、保健功能材料等。在建筑围护结构中加入相变储能构件，可以改善室内热舒适性和降低能耗。具有自洁功能的建筑材料应用较多的有表面自洁玻璃、表面自洁陶瓷洁具、表面自洁型涂料等，它们的使用可提高表面抗污能力，减少清洁建材表面污染带来的浪费，达到节能和环保的目的。具有改善室内生态环境和保健功能的建筑材料如除醛涂料等功能材料。

7.4 建筑工业化

7.4.1 工业化建筑一般采用预制装配混凝土结构和钢结构。对于有抗震设防要求的地区应增强预制装配混凝土结构的整体性和节点连接构造，保证其具有良好的抗震性能。

7.4.2 建筑工业化，离不开标准化，标准化离不开模数化，而模数化的核心内容离不开模数协调，其中包括建筑物与部件之间的模数协调，以及部件与部件之间的模数协调。

7.4.3 住宅、旅馆、学校等建筑的相当数量的房间平面、功能、装修相同或相近，对于这些类型的建筑宜遵循模数设计原则，进行标准化设计。标准化设计的内容不仅包括平面空间，还应对建筑构件、建筑部件等进行标准化、系列化设计，并协调各功能部件与主体间的空间位置关系，以便进行工业化生产和现场安装，推动建筑工业化的发展。

7.4.4 工业化建筑的前提是标准化，工业化建筑从工厂生产到现场建造的过程，需要在建筑设计的基本单元、连接构造、构配件及设备管线等方面规定统一的技术标准才能保证项目顺利进行。系列化是在标准化的基础上，为适应不同需求和条件，采取更换一些不同部件的办法衍生出新的产品。系列化的目的是以最少的品种来适应最广泛的用途，扩大生产量，降低成本。

7.4.6 厨卫装修占了室内装饰装修大部分的成本和工作量。在装修设计中，采用多种成套化装修设计方案，可以满足不同客户的个性化、差异化需求，更有利于精装修和建筑产业化的推广。厨卫设备采用成套定型产品和工业化生产的整体卫生间，可以减少现场作业等造成的材料浪费、粉尘和噪音等问题。整体厨房是指按人体工程学、炊事操作工序、模数协调及管线组合原则，采用整体设计方法而建成的标准化、多样化完成炊事、餐饮、起居等多种功能的活动空间。整体卫浴间是指在有限的空间内实现洗面、淋浴、如厕等多种功能的独立卫生单元。

7.4.7 工业化的装修方式是将装修部分从结构体系中拆分出来，分为隔墙系统、天花系统、地面系统、厨卫系统等若干系统，并尽可能地将这些系统中的相关部件进行工业化生产，减少现场湿作业，这样可以大大提高部件的加工和安装精度，减少材料浪费，保证装修工程质量，缩短工期，并有利于建筑的维护及改造。

8 给水排水

8.1 一般规定

8.1.1 制订水资源利用方案是绿色建筑给水排水设计的必要环节。在建筑方案设计阶段制订水资源利用方案是绿色建筑评价的控制项。在进行绿色建筑设计前，应充分了解项目所在区域的市政给水排水条件、水资源状况、气候特点等客观情况，综合分析研究各种水资源利用的可能性和潜力，制订水资源规划方案，提高水资源循环利用率，减少市政供水量和雨、污水排放量。

水资源规划方案，包括但不限于以下内容：

1 当地政府规定的节水要求、地区水资源状况、气象资料、地质条件及市政设施情况等的说明；

2 项目概况：当项目包含多种建筑类型，如住宅、办公建筑、旅馆、商店、会展建筑等时，可统筹考虑项目内水资源的综合利用；

3 确定节水用水定额、编制水量计算表及水量平衡表；

4 给水排水系统设计方案介绍；

5 采用的节水器具、设备和系统的相关说明；

6 非传统水源利用方案：对中水、雨水等水资源利用的技术经济可行性进行分析和研究，进行水量平衡计算，确定中水、雨水等非传统水源的利用方法、规模、处理工艺流程等；

7 人工景观水体补水严禁采用市政供水和自备地下水井供水，可以采用地表水和非传统水源；取用建筑场地外的地表水时，应事先取得当地政府主管部门的许可；采用雨水和建筑中水作为水源时，水景规模应根据设计可收集利用的雨水或中水量确定。

8.1.2 绿色建筑热源应进行技术经济比较，余热、废热、可再生能源、热泵、燃气、燃油、电加热等各种能源方式，可采用单一能源，也可采用多种能源的组合。绿色建筑设计中应优先采用废热回收及可再生能源作为热源以达到节能减排的目的。

可再生能源，是指风能、太阳能、水能、生物质能、地热能、海洋能等非化石能源。根据目前我国可再生能源在建筑中的应用情况，比较成熟的是太阳能热利用，即应用太阳能热水器供生活热水。四川省日照分布的基本特征是高原多、盆地少。川西高原地区等太阳能资源丰富地区，应优先使用太阳能热水系统；四川省西部等太阳能资源一般地区，宜选择和使用太阳热水系统，或太阳能预加热热水系统；四川省成都平原等太阳能资源贫乏地区，宜通过技术经济比较，确定太阳能利用方式。

太阳能系统设计应安全可靠，内置加热系统必须带有保证安全使用的装置，并根据不同地区采取防冻、防结露、防过热、防雷、防雹、抗风、抗震等技术措施。太阳能热水系统应根据建筑物的使用需求及其集热器与储水箱的相对安装位置等因素确定太阳能热水系统的运行方式，并符合《太阳热水系统设计安装及工程验收技术规范》GB/T 18713 和《民用建筑太阳能热水系统应用技术规范》GB 50364 中的有关规定。

太阳能系统应设置辅助能源加热设备，辅助能源加热设备种类应根据建筑物使用特点、热水用量、能源供应、维护管理及卫生防菌等因素选择，并应符合现行国家标准《建筑给水排水设计规范》GB 50015 的有关规定。

8.1.3 合理、完善、安全的给水排水系统应满足《建筑给水排水设计规范》GB 50015、《城镇给水排水技术规范》GB 50788、《民用建筑节水设计标准》GB 50555、《建筑中水设计规范》GB 50336、《建筑与小区雨水利用工程技术规范》GB 50400、《城市建筑二次供水工程技术规程》DBJ 51/005 等相关标准的规定。绿色建筑给水排水设计，应满足《绿色建筑评价标准》GB/T 50378 和《四川省绿色建筑评价标准》DBJ51/T 008 中绿色建筑等级的相应标准。

室外排水包括室外雨水系统和室外污水系统，室外排水体制应为雨水、污水分流制；当建筑位于城市污水处理厂配套管网覆盖范围内时，生活污水可就近排入城市下水道；否则，应自行处理达国家相关排放标准后，排入附近受纳水体或考虑回用。污水处理率和达标排放率均应满足国家有关排放标准。设有再生水系统时，室外应设废水管道收集室内优质杂排水或杂排水。

供水系统的管材、管道附件及设备等选取和运行不应对供水造成二次污染。给水排水设备、管道的设置不应对室内环境产生噪声污染。为了消除生活排水系统对室内空气的影响，室内排水应正确设置通气系统，有效保护水封。为了避免室内重要物资和设备受潮引起的损失，应采取措施避免管网漏损和结露。

室外雨水应根据地形、地貌特点和建筑布局合理规划雨水排放途径和排放方式，减少雨水受污染的概率，综合考虑雨水入渗、收集回用或调蓄措施。

8.2 非传统水源利用

8.2.1 设置分质供水系统是建筑节水的重要措施之一。

在《绿色建筑评价标准》GB/T 50378 和《四川省绿色建筑评价标准》DBJ51/T009 中，对住宅、办公楼、商场、旅馆类建筑，按不同的分值和权重提出了非传统水源利用率的要求。非传统水源利用率可按公式（1）计算：

$$R_u = (W_u/W_t) \times 100\% \tag{1}$$

$$W_u = W_R + W_r + W_s + W_o \tag{2}$$

式中　R_u——非传统水源利用率，%；

　　　W_u——非传统水源设计使用量，m^3/a；

　　　W_R——再生水设计利用量，m^3/a；

　　　W_r——雨水设计利用量，m^3/a；

　　　W_s——海水设计利用量，m^3/a；

　　　W_o——其他非传统水源利用量，m^3/a；

　　　W_t——设计总用水量，m^3/a。

参考联合国系统制定的一些标准，我国提出了缺水标准：人均水资源量低于 1 700 ~ 3 000 m^3 为轻度缺水；1 000 ~ 1 700 m^3 为中度缺水；介于 500 ~ 1 000 m^3 的为重度缺水；低于 500 m^3 的为极度缺水；300 m^3 为维持适当人口生存的最低标准。

根据四川省各地人口和总水资源量情况统计，四川省存在较多缺水城市。在雨水充沛、降雨量大于 800 mm 的四川省大部分地区，适合开展雨水资源利用；在其他缺水城市和地区，宜开展建筑中水利用。

采用非传统水源时，应根据其使用性质采用不同的水质标准：

1 采用雨水或中水作为冲厕、绿化灌溉、洗车、道路浇洒，其水质应满足《污水再生利用工程设计规范》GB 50335 中规定的城镇杂用水水质控制指标。

2 采用雨水、中水作为景观用水时，其水质应满足《污水再生利用工程设计规范》GB 50335 中规定的景观环境用水的水质控制指标。

中水包括市政再生水（以城市污水处理厂出水或城市污水为水源）和建筑中水（以生活排水、杂排水、优质杂排水为水源），应结合城市规划、城市中水设施建设管理办法、水量平衡等，从经济、技术和水源水质、水量稳定性等各方面综合考虑确定。当项目周围存在市政或集中再生水供应时，使用市政或集中再生水达成节水目的，具有较高的经济性。当附近没有市政或集中再生水供应时，宜经过技术经济比较，确定中水系统设置。

3 采用非传统水源的人工景观用水包括人造水景的湖、水湾、瀑布及喷泉等，但属体育活动的游泳池、旱喷泉、瀑布等不属此列，其补水其应满足相应的水质标准。

雨水和中水利用工程应依据《建筑与小区雨水利用工程技术规范》GB 50400 和《建筑中水设计规范》GB 50336 进行设计。住宅、公寓等建筑中水系统入户冲厕，对小区物业管理提出了更高要求；且中水储存于坐便器等冲洗水箱内，长期不用水质恶化风险较高，不易二次消毒处理；对于住宅、公寓等建筑，中水冲厕宜通过技术经济比较后确定。

8.2.2 为确保非传统水源的使用不带来公共卫生安全事件，供水系统应采取可靠的防止误接、误用、误饮措施。其措施包括：非传统水源供水管道外壁涂成浅绿色，并模印或打印明显耐久的标识，如"再生水"、"雨水"、"中水"等；对设在公共场所的非传统水源取水口，设置带锁装置；用于绿化浇洒的取水龙头，明显标识"不得饮用"，或安装供专人使用的带锁龙头。

非传统水源严禁与城镇自来水管道连接。当采用城镇自来水作为非传统水源的备用水源时，通过补水箱间接补水，并采取可靠的防污染措施；或设置独立供水系统供应用水点。

8.2.3 本条文主要是针对非传统水源的用水及水质保障而制定。中水及雨水利用应严格执行《建筑中水设计规范》GB 50336和《建筑与小区雨水利用工程技术规范》GB 50400的规定。

非传统水源供水系统应设有备用水源，人工景观水体备用水源不应使用市政自来水和地下井水。

四川地区均不临海，不存在海水资源利用。

8.2.4 根据《民用建筑节水设计标准》GB 50555和《绿色建筑评价标准》GB/T 50378的要求，不得采用市政自来水和地下井水作为人工景观用水的补水水源。

根据雨水或再生水等非传统水源的水量和季节变化的情况，设置合理的住区水景面积，避免美化环境的同时却大量浪费宝贵的水资源。景观水体的规模应根据景观水体所需补充的水量和非传统水源可提供的水量确定，非传统水源水量不足时应缩小水景规模。

景观水体补水采用雨水时，景观设计应考虑旱季观赏功能；住区景观水体补水采用中水时，应采取措施避免发生景观水体的富营养化问题。

采用生物措施就是在水域中人为地建立起一个生态系统，并使其适应外界的影响，处在自然的生态平衡状态，实现良性的可持续发展。景观生态法主要有三种，即曝气法、生物药剂法及净水生物法。其中净水生物法是最直接的生物处理方法。目前利用水生动、植物的净化作用，吸收水中养份和控制藻类，将人工湿地与雨水利用、中水处理、绿化灌溉相接合的工程实例越来越多，已经积累了很多的经验，可以在有条件的项目中推广使用。

当采用曝气或提升等机械设施时，可使用太阳能风光互补发电等可再生能源提供电源，在保证水质的同时综合考虑节水、节能措施。

8.2.5 目前在我国部分缺水地区，水务部门对雨水利用已形成政府文件，要求在设计中统一考虑；同时《建筑与小区雨水利用工程技术规范》GB 50400 也于 2006 年发布，因此在绿色建筑设计中雨水利用作为一项有效的节水措施被推荐采用。

我省降雨分布不均，地区差异巨大，因此在雨水的综合利用中一定要进行技术经济比较，制订合理、适用的方案。

建议常年降雨量大于 800 mm 的地区采用雨水收集的直接利用方式；而低于上述年降雨量的地区采用以渗透为主的间接雨水利用方式。

在征得当地水务部门的同意下,可利用自然水体作为雨水的调节措施。

当地区整体改建时,按《室外排水设计规范》GB 50014的要求,应体现低影响开发理念,控制建设用地径流系数,设置雨水调蓄设施,增加雨水入渗等技术措施,保证改建后的径流量不得超过原有径流量。

8.2.6 房间空调器的凝结水流量不大,但持续时间较长,总水量不小。并且现行规范要求单独设立管排除,非常便于收集。尤其夏季蒸发量较大、降雨量较少的酷暑时段是对雨水收集系统的一个很好的补充。

住宅建筑设计一般都会为每个厅室安排室外的空调机平台和排水管。有雨水收集系统时收集室外机的夏季凝结水和冬季的融霜水现实可行。公共建筑的空调系统类型各不相同,要完全收集有一定的困难,因此应因地制宜地收集凝结水或融霜水。

8.3 供水系统

8.3.1 合理的供水系统是给排水设计中达到节水、节能目的的保障。

为了节约能源,减少居民生活用水水质污染,建筑物底部的楼层室外生活给水应充分利用城镇供水管网的水压直接供水,在《民用建筑节水设计标准》GB 50555 中是作为强制性条文提出的。加压供水可优先采用变频供水、管网叠压供水等节能的供水技术。当采用变频供水时,宜按供水规模和供水特点，对变频供水系统进行技术经济和节能效果分析；并宜采用变频器与水泵"一对一"的变频技术。当采用管网叠压供水技术时，市政水源应满足管网叠压供水的引水条件，供水方案应获得当地供水行政主管部门的许可。二次供水技术措施应满足《二次供水工程技术规程》CJJ 140 和《城市建筑二次供水工程技术规程》DBJ 51/005 的相关要求。

为减少建筑给水系统超压出流造成的水量浪费，应合理进行系统分区、采取减压措施，同时应满足卫生器具配水点的水压要求。高层建筑分区供水压力应满足《建筑给水排水设计规范》GB 50015 中的相关要求。

8.3.2 用水量较小且分散的建筑，如办公楼、小型饮食店等。热水用水量较大、用水点比较集中的建筑，如：高级居住建筑、旅馆、公共浴室、医院、疗养院等。在设有集中供应生活热水系统的建筑，应设置完善的热水循环系统。集中热水供应系统的节水措施有：

    1 保证用水点处冷、热水供水压力平衡的措施；

    2 最不利用水点处冷、热水供水压力差不宜大于 0.02 MPa；

    3 采用带恒温控制和温度显示功能的混合器、混合阀；

    4 公共浴室可设置感应式或全自动刷卡式淋浴器等。

实际工程中，由于冷、热水管长度、管径和水加热器冷水补水管长度等因素，要做到冷水、热水压力在同一点压力相同是不可能的；但合理控制冷水和热水供水管路的阻力损失，选用阻力损失小于或等于 0.01 MPa 的水加热设备，要求用水点处冷、热水供水压力差不宜大于 0.02 MPa 是可行的。在用水点采用带调压功能的混合器、混合阀,可保证用水点压力平衡、保证出水温度;目前市场上此类产品已应有很多,使用效果良好,调压的范围冷、热水系统的压差可在 0.15 MPa 内。

设有集中热水供应的住宅建筑中,考虑到节水及使用舒适性,当因建筑平面布局使得用水点分散且距离较远时,宜设支管循环等技术措施,以保证使用时的冷水出流时间较短。

8.4 节水措施

8.4.1 管网漏失水量包括:阀门故障漏水量,室内卫生器具漏水量,水池、水箱溢流漏水量,设备漏水量和管网漏水量。

主要避免管网漏损措施包括:

1 给水系统使用的管材、管件,应符合现行产品标准的要求;当无国家标准或行业标准时,应符合经备案的企业标准的要求;

2 给水系统应选用高性能、零泄漏阀门和设备等;适当地设置检修阀门也可以减少检修时的排水量;

3 根据水平衡测试的要求安装分级计量水表,可有效检测建筑或小区的管道渗漏量;

4 合理设计供水系统,保持系统压力稳定,避免供水压力过高或压力骤变,造成系统超压工作,可有效减少管网漏损;

5 设置水箱液位报警和监测系统,减少水池、水箱溢流漏水量;

6 室外埋地管道应选择适宜的管道敷设及基础处理方式。

8.4.2 本着"节流为先"的原则,根据用水场合的不同,合理选用节水水龙头、节水便器、节水淋浴装置等。所有生活用水器具应满足现行国家标准《节水型生活用水器具》CJ/T 164及《节水型产品通用技术条件》GB/T 18870 的要求。绿色建筑还鼓励选用更高节水性能的节水器具。目前我国已对部分用水器具的用水效率制定了相关标准，如：《水嘴用水效率限定值及用水效率等级》GB 25501、《坐便器用水效率限定值及用水效率等级》GB 25502、《小便器用水效率限定值及用水效率等级》GB 28377、《淋浴器用水效率限定值及用水效率等级》GB 28378、《便器冲洗阀用水效率限定值及用水效率等级》GB 28379，今后还将陆续出台其他用水器具的标准。

节水器具可做如下选择：

1 节水龙头：加气节水龙头、陶瓷阀芯水龙头、停水自动关闭水龙头；

2 坐便器：压力流防臭、压力流冲击式 6 L 直排便器、3 L/6 L 两档节水型虹吸式排水坐便器、6 L 以下直排式节水型坐便器或感应式节水型坐便器，缺水地区可选用带洗手水龙头的水箱坐便器；

3 节水淋浴器：水温调节器、节水型淋浴喷嘴等；

4 营业性公共浴室淋浴器采用恒温混合阀、脚踏开关等。

8.4.3 鼓励采用喷灌、微灌、渗灌、滴灌等节水灌溉方式；鼓励采用湿度传感器或根据气候变化调节的控制器，或种植无需永久灌溉植物。

喷灌是利用市政供水管网水压，或由水泵加压提供供水压力，通过喷头喷洒的绿化浇灌方式。微灌包括滴灌、渗灌、微喷灌和涌流灌等。微灌是高效的节水灌溉技术，它可以缓慢而均匀地直接向植物的根部输送计量精确的水量，避免浪费水量。

喷灌比地面灌溉可省水 30%～50%。安装雨天关闭系统，可节水 15%～20%。滴灌除具有喷灌的主要优点外，比喷灌更节水(约 15%)、节能（50%～70%）。

由于当水质不佳时，采用喷灌方式易形成污染大气的有害漂浮物；所以当采用再生水浇灌绿化时，禁止采用喷灌。再生水宜采用滴灌、渗灌、微喷灌等微观方式。

无需永久灌溉植物是指适应当地气候，仅依靠自然降雨即可维持良好生长状态的植物，或在干旱时体内水分散失、全株呈风干状态而不死亡的植物。无需永久灌溉植物仅在生根时需进行人工浇灌，不需要设置永久的灌溉系统。

8.4.4 按使用性质设水表是供水管理部门的要求。绿色建筑设计中应将水表适当分区集中设置或设置远传水表；当建筑项目内设建筑自动化管理系统时，建议将所有水表计量数据统一输入该系统，以达到漏水探查监控的目的。

住宅建筑分户水表的设置，应满足四川省地方标准《住宅供水"一户一表"设计、施工及验收技术规程》DB51/T 5032 的相关要求。

公共建筑应对不同用途和不同付费单位的供水设置水表，如餐饮、洗浴、中水补水、空调补水、绿化等。对不同用户的用水分别设置用水计量设备，有条件时可设置远传计量装置等，统计用水量，并据此施行计量收费以实现"用者付费"，达到鼓励行为节水的目的，同时还可统计各种用途的用水量和分析渗漏水量，达到持续改进的目的。

8.4.5 冷却塔飘水、排污和溢水等因素造成实际补水量大于蒸发耗水量。

设有中央空调系统的公共建筑，冷却塔是耗水最大的设备之一，冷却塔的蒸发耗水量是其必须的消耗，而随风飘散到冷却塔外的冷却水是无效耗水，其值越小意味着冷却塔节水性能越好，性能较差的冷却塔其飘水耗水量可能会超过循环水量的0.2%，一栋1万平米的写字楼一般配置冷却塔在300 m³/h左右，按照每天运行12小时计算，年耗水量超过864 m³，因此限制冷却塔的飘水率对建筑节水有重要作用，参照国家标准《玻璃纤维增强型塑料冷却塔 第1部分：中小型玻璃纤维增强型塑料冷却塔》GB/T 7190.1 及《玻璃纤维增强型塑料冷却塔 第1部分：大型玻璃纤维增强型塑料冷却塔》GB/T 7190.2，本条规定冷却水量小于及等于1 000 m³/h的中小型冷却塔飘水率应低于0.015%，冷却水量大于1 000 m³/h的大型冷却塔飘水率应低于0.005%。

开式循环冷却水系统受气候、环境的影响，应设置水处理装置和化学加药装置改善水质，减少排污耗水量；同时为了停泵时集水盘溢流损失，可采取加大集水盘、设置平衡管或平衡水箱等方式，避免停泵时的泄水和启泵时的补水浪费。

9 暖通空调设计

9.1 一般规定

9.1.1 节能减排是我国的一项基本国策，供暖、空调系统作为建筑耗能的重要组成部分，应坚持节能减排的技术路线。建筑设计应充分利用自然条件，采取保温、隔热、遮阳、自然通风等被动措施，减少暖通空调的能耗需求；暖通空调设计则应结合建筑功能特点，采取节能措施，优化设计方案，实现建筑节能减排的目的。

9.1.2 冷热源的形式直接影响能源的使用效率；而各地区的能源种类、能源结构和能源政策也不尽相同。任何冷热源形式的确定都不应该脱离工程所在地的条件。同时对整个建筑物的用能效率应进行整体分析，而不只是片面地强调某一个机电系统的效率。

绿色建筑倡导可再生能源的利用，但可再生能源的利用也受到工程所在地的地理条件、气候条件和工程性质的影响。经过技术经济比较合理时，地热能、水源热泵、太阳能供暖等技术宜优先作为建筑的冷热源。

9.1.3 根据工程性质和物业归属等合理划分空调系统，保证建筑各区域在不同负荷需求下均能根据实际需要得到恰当的能源供给，一方面可以保证能源使用效率，另一方面也为指导系统在实际运行中实现节能高效运行提供了方便。

9.1.4 利用建筑物能耗分析和动态负荷模拟等计算机软件，根据全年供暖空调能耗分析选择供暖空调系统形式、配置恰当的冷热源及末端设备台数组合并确定系统分区，在保证系统设计合理的同时，也能为系统运行模式及控制策略的优化提供科学依据。

9.1.5 空调各子系统为相互耦合的系统，不能孤立考虑；部分子系统最优并不代表整个空调系统最优，某个子系统能效高可能会降低其他子系统的能效，所以空调系统的节能设计关键是空调系统各子系统的合理匹配与优化。计算空调系统设计综合能效比，可以为空调系统的冷热源、输配系统的协调优化提供依据，保证空调系统综合能效最高。

9.1.6 室内环境参数标准涉及舒适性和能源消耗，科学合理地确定室内环境参数，不仅是满足室内人员舒适的要求，也是为了避免片面追求过高的室内环境参数标准而造成能耗的浪费。鼓励通过合理、适宜的送风方式、气流组织和正确的压力梯度，提高室内的舒适度和空气品质。

9.1.7 设备容量的选择应以计算为依据。全年大多数时间，空调系统并非在100%空调设计负荷下工作。部分负荷工作时，空调设备、系统的运行效率同 100%负荷下工作的空调设备和系统有很大差别。在确定空调冷、热原设备和空调系统形式时，要求兼顾部分负荷时空调设备和系统的运行效率，应力求提高全年综合效率。

9.1.8 为了满足部分负荷运行的需要，能量输送系统，无论是水系统还是风系统，宜采用变流量的形式。通过采用变频节能技术满足变流量的要求，可以节省水泵或风机的输送能耗；

夜间冷却塔的低速运行还可以减少其噪声对周围环境的影响。

9.1.9 过渡季空调系统采用全新风或增大新风比运行消除空调余热，不仅可以节省空气处理所需消耗的能量，还能有效改善空调区内空气品质。考虑全新风运行的可能性，全空气系统新风入口、过滤器等应按最大新风量设计，新风比应可调节以满足增大新风量运行的要求。排风系统的设计和运行应有与新风量的变化相适应的措施。

应注意过渡季是根据室内外空气参数确定的，夏季夜间、每天的早晚都可能出现过渡季工况。在经济技术合理的情况下，设计应充分利用过渡季室外空气降低空调能耗。即使在非空调运行期间，若能利用过渡季室外空气消除围护结构中的蓄热及预冷空调区域，也可有效减少空调主机运行时间，达到节能目的。

过渡季（包括冬季）利用冷却塔提供"免费"的空调冷水的方式，减少全年运行冷水机组的时间，也是一种值得推广的节能措施。

技术经济可行的情况下，过渡季改变新风送风温度、优化冷却塔供冷的运行时数、调整主机供冷温度及夜间通风等节能措施均应恰当使用。

9.2 冷 热 源

9.2.1 余热利用能有效提高用能效率，降低能源消耗。有条件的地方应尽量优先利用废热和工业余热作为建筑供暖、空调系统的热源。

9.2.2 《公共建筑节能设计标准》GB50189 - 2005 强制性条文第 5.4.3、5.4.5、5.4.8、5.4.9 条，分别对锅炉额定热效率、电机驱动压缩机的蒸气压缩循环冷水（热泵）机组的性能系数（COP）、名义制冷量大于 7 100 W、采用电机驱动压缩机的单元式空气调节机、风管送风式和屋顶式空气调节机组的能效比（EER）、蒸汽、热水型溴化锂吸收式冷水机组及直燃型溴化锂吸收式冷（温）水机组的性能参数做了规定；《房间空气调节器能效限定值及能效等级》GB 12021.3、《转速可控型房间空气调节器能效限定值及能源效率等级》GB 21455、《多联式空调（热泵）机组能效限制级能源效率等级》GB 21454 等标准对相应的设备能效等级均提出了要求，设计应严格执行。

在满足以上基本规定的基础上，在经济技术合理的情况下，设计应尽量选用能效较高的设备，使供暖空调系统的冷、热源机组能效高于现行国家标准能效限值的规定。

9.2.3 空气源热泵制热时，性能系数不应小于节能限值，保证热泵机组的节能优势。川西地区冬季室外环境温度通常在 0 ℃ 以下，极端最低温度达到 - 30 ℃，采用风冷热泵机组制热时，应有可靠的技术措施保证热泵机组在设计工况下的制热性能系数满足要求。注意条文要求的制热性能系数是设备在设计工况下的运行数据，鉴于川西地区海拔高度等气候条件的不同，设备制热性能系数需在经过实际高原气候修正后，满足规定限值方能选用。

9.2.4 对于污水源热泵系统的设计，不单考虑中短期内污水源的水温、水质及流量等变化规律，也应考虑在污水源热泵系统所使用的寿命周期内，由于市政规划设施的新建及改扩建对污水资源的影响。对此，在前期方案策划阶段就应有一定的前瞻性，合理考虑不同客观因素变化对未来污水资源的影响。

9.2.5 合理利用能源、提高能源利用率、节约能源是我国的基本国策。用高品位的电能直接转换为低品位的热能进行供暖或空调，热效率低，运行费用高，是不合适的，应限制这种"高质低用"的能量转换方式。国家有关强制性标准中早有"不得采用直接电加热的空调设备或系统"的规定。近些年来由于空调、采暖用电所占比例逐年上升，致使一些省市冬夏季尖峰负荷迅速增长，电网运行日趋困难，造成电力紧缺。而盲目推广电锅炉、电采暖，将进一步劣化电力负荷特性，影响民众日常用电，制约国民经济发展，为此必须严格限制。考虑到国内各地区的具体情况，在只有符合本条所指的特殊情况时方可采用。但前提条件是：该地区确实电力充足且电价优惠或者利用如太阳能、风能等装置发电的建筑。

要说明的是对于内、外区合一的变风量系统，作了放宽。目前在一些南方地区，采用变风量系统时，可能存在个别情况下需要对个别的局部外区进行加热，如果为此单独设置空调热水系统可能难度较大或者条件受到限制或者投入较高。

四川西部具有较为丰富的水力资源，该地区电力主要来自于水力发电，属可再生能源。在高海拔严寒及寒冷地区，经技术经济比较证实采用其他供热措施不合理时，可以适当采取直接电加热供热或采用电加热作为辅助热源的技术措施。采用直接电加热供暖时，不应采用集中供暖系统。

9.2.6 在严寒和寒冷地区的冬季应优先考虑利用室外空气消除建筑物内区的余热或采用自然冷却水系统消除室内余热。

9.2.7 采用多联分体空调系统时，对于不同时间存在供冷和供热需求的建筑，采用热泵型机组比分别设置冷热源更节省占地面积，减少设备安装材料投入。

对于同时存在供冷和供热需求的建筑，或供冷时，有稳定生活热水需求的建筑（如酒店、餐饮、医院、洗浴等），在经过技术经济比较分析合理时，应优先采用热回收型机组。热回收型机组在提供建筑所需冷量的同时，回收冷凝热，将制冷系统中产生的低品位热量有效地利用起来，获得可供建筑使用的热水，是经济有效的节能技术。

9.2.8 因为有大量余热存在，大型公共建筑在冬季外区需要制热的同时，其内区仍然需要供冷。水环热泵空调系统消耗少量电能即可将内区多余热量转移至建筑物外区，分别同时满足外区供热和内区供冷的空调需要，是值得推荐的节能系统。

9.2.9 通常锅炉的烟气温度达到 180 °C 以上，在烟道上安装烟气冷凝器或省煤器可以用烟气的余热加热或预热锅炉的补水。供水温度不高于 80 °C 的低温热水锅炉，可采用冷凝锅炉，以降低排烟温度，提高锅炉的热效率。

9.2.10 蓄能空调系统虽然对建筑本身不是节能措施，但是可以为用户节省空调系统的运行费用，同时对电网起到移峰填谷作用，提高电厂和电网的综合效率，也是社会节能环保的重要手段之一。

9.3 供暖空调水系统

9.3.1 耗电输冷（热）比反映了水系统中循环水泵的耗电

与建筑冷热负荷的关系，对此值进行限制是可保证水泵选择合理，降低水泵能耗。《民用建筑供暖通风与空气调节设计规范》GB 50736 明确了空调冷热水系统水泵的耗电输冷（热）比要求。

鉴于水泵是空调系统重要的耗能设备，设计可从精确计算冷热负荷、确定合理的供回水温差、优化水系统管路设计、选择效率较高的水泵等方面优化水泵选型，确实提高系统节能潜力。

合理地优化水系统管路设计除了可减小水系统阻力，降低水泵扬程以外，还可以保证各支路系统阻力相对平衡，有利于供暖空调水系统稳定运行。

9.3.2 建筑物空调冷冻水的供水温度如果高于 7 ℃，对空调设备末端的选型不利，同时也不利于夏季除湿。供回水温差小于 5 ℃，将增大水流量，冷冻水管径增大，消耗更多的水泵输送能耗，于节材和节能都不利。对于两管制空调水系统，管道夏季输送冷水，冬季输送热水，管径多依据冷水流量确定，所以本条没有规定空调冷热水系统的热水供回水温差。对于四管制空调水系统，热水管道的管径依据热水流量确定，所以条文规定了四管制时的空调热水温度及温差。

9.3.3 开式空调水系统已经较少使用，原因是其水质保证困难、增加系统排气的困难、增加循环水泵电耗。保证水系统的水质和管路系统的清洁可以提高换热效率和减少流动阻力，故提出对水质处理的要求。

9.3.5 蒸汽锅炉的补水通常经过软化和除氧，成本较高，其凝结水温度高于生活热水所需要的温度，所以无论从节能，还是从节水的角度来讲，蒸汽凝结水都应回收利用。

9.3.6　酒店、餐饮、医院、洗浴等建筑夏季也存在生活热水需求，除利用本规范 9.2.7 条的节能技术措施以外，使用空调冷却水对生活热水的补水进行预热也是一种有效的节能措施：一方面可以减少生活热水能耗，另一方面可以降低冷却水供水温度，有效提高冷水机组效率。

9.3.7　散热器安装方式不恰当时，会影响散热器的散热效果；纯粹为了装饰效果而将散热器暗装，既浪费材料，也不利于节能，与绿色建筑所倡导的节材和节能相悖；故除幼儿园、老年人和其他特殊功能要求的建筑因安全因素必须暗装的以外，应鼓励采用有利于散热器散热的明装方式。

9.4　空调通风系统

9.4.2　在大部分地区，空调系统的新风能耗占空调系统总能耗的三分之一，所以设置排风能量回收装置，减少新风能耗对建筑物节能意义重大。室内外温差越大、空调运行时间越长，排风能量回收的效益越明显。设计应根据当地气候条件和工程特点，经过技术经济比较分析确定是否采用以及采用何种排风能量回收形式，对新风进行预冷（热）处理。

由于在回收排风能量的同时也增加了空气侧的阻力和风机能耗，所以宜在过渡季节设置旁通，减少风侧阻力；另外，设置排风热回收装置时，应采取措施保证的空调新风不受排风污染。

9.4.3　封闭吊顶的上、下两个空间通常存在温度差，吊顶回风的方式使得吊顶上、下两空间的温度基本趋于一致，增加了空调系统的负荷。当吊顶空间较大时，增加的空调负荷也相应加大。采用吊顶回风的方式时多是由于吊顶空间紧张，一般不会超过层高的三分之一；而当吊顶空间高度超过三分之一层高时，吊顶空间已经比较大了，应可以采用风管回风的方式。

9.4.4 不同的通风系统，利用同一套通风管道，通过阀门的切换、设备的切换、风口的启闭等措施实现不同的功能，既可以节省通风系统的管道材料，又可以节省风管所占据的室内空间，是满足绿色建筑节材、节地要求的有效措施。

9.4.5 本条强调这些特殊房间排风的重要性，因为个别房间的异味如果不能及时、有效地迅速排除，可能影响整个建筑的室内空气品质。设计应区分污染物性质及浓度，根据其危害程度分别设置排风系统。吸烟室必须设置无回风的排气装置，使含烟草烟雾的空气不循环到非吸烟区。在吸烟室门关闭，启动排风系统时，使吸烟室相对于相邻空间应至少有平均 5 Pa 的空气负压，最低负压也应大于 1 Pa。

9.5 暖通空调自动控制系统

9.5.1 建筑物暖通空调能耗的计量和统计是反映建筑物实际能耗和判别是否节能的客观手段，也是检验节能设计合理、适用与否的标准。通过对各类能耗的计量、统计和分析可以发现问题、发掘节能的潜力，同时也是节能改造和引导人们行为节能的手段。

对供暖、空调系统用电量分项计量时，其冷热源、输配系统等用电量宜能实现独立分项计量；蓄能系统冷热源的夜间电价低谷用电量宜单独统计；对于热驱动冷水机组，应对机组的耗气（油）量、耗热水量、耗蒸汽量进行计量；对于燃气（燃油）锅炉，应对锅炉的耗气（油）量进行计量。

另外，应对冷热源机房的总供冷量、供热量分别进行计量；采用外部冷热源的单体建筑，应对建筑消耗的冷热量分别进行计量。空调系统补水也应设置计量措施。

9.5.2 如果建筑的供暖、空调系统及其冷热源中心缺乏必要的调节手段，则不能随时根据室外气候的变化、室内的使用要求进行必要和有效的调节，势必造成不必要的能源浪费。提倡在设计上提供必要的调控措施，完善运行控制策略，为采用不同的运行模式提供手段。

节能运行控制策略包括合理选择供暖、空调系统的手动或自动控制模式，并与建筑物业管理制度相结合，根据使用功能实现分区、分时控制；根据负荷变化，确定空调冷、热源机组运行台数与容量；控制冷却塔风机的运行台数及风机转数；完善输配系统水泵、风机台数及变频控制，保证变水量、变风量根据需求正常运行等内容。完善节能控制运行策略，可保证系统根据实际需要提供恰当的能源供给，并能够指导系统在实际运行中真正实现高效节能。

9.5.3 在人员密度相对较大，且变化较大的房间，为保证室内空气质量并减少不必要的新风能耗，宜采用新风量需求控制。即在不利于新风作冷源的季节，应根据室内二氧化碳浓度监测值增加或减少新风量。在二氧化碳浓度符合卫生标准的前提下减少新风冷热负荷。

9.5.4 汽车库不同时间使用频率有很大差别，室内空气质量则使用频率变化有直接关系。一方面车库卫生条件较好时，通风系统保持恒定最大风量运行往往造成不必要的能源浪费，另一方面，很多车库为了强调节能、节省运行费用，往往置室内空气品质于不顾，长时间不运转通风系统。为避免以上情况发生，建议在条件许可时设置一氧化碳浓度探测传感装置，控制机械车库通风系统的运行，或采用分级风量通风的措施，兼顾节能与车库内的空气品质。

9.6 地源热泵应用

9.6.1 地源热泵成败的关键在于地质和水文地质条件，条件不利的情况下盲目采用地源热泵，会导致实际使用中大量消耗驱动能源的情况出现。本条明确地源热泵使用的前提条件。

9.6.2 针对污水源热泵明确使用前提条件。

9.6.3 本条明确热泵系统设计的环保要求。其中如果供热负荷与供冷负荷不匹配，造成土壤温度场明显变化，除不满足环保要求外，在运行一定年限后，还会明显影响热泵系统运行效率。

9.6.4 为实现精细化管理，掌握可再生能源与驱动能源的实际使用量，设立本条。对于空气源热泵，驱动能源指热泵机组本身的动力消耗；对于地源热泵与污水源热泵，驱动能源包括热泵机组自身及其低位热源侧的全部水泵的动力消耗。

10 建筑电气

10.1 一般规定

10.1.1 在方案设计阶段，应制定合理的供配电系统方案，优先利用市政提供的可再生能源，并尽量设置变配电所和配电小间居于用电负荷中心位置，以减少线路损耗。应根据《智能建筑设计标准》GB 50314、《智能建筑工程质量验收规范》GB 50339 中所列举的各功能建筑的智能化基本配置要求，并从各项目的实际情况出发，选择合理的建筑智能化系统。

在方案设计阶段，合理采用节能技术和节能设备，使各种节能技术和节能设备进行合理有机的搭配，以最大化地节约能源。

10.1.2 太阳能光伏发电是近些年来发展最快，也是最具经济潜力的能源开发领域。在太阳能资源或风能资源丰富的地区，当技术经济合理时，采用太阳能发电是节约能源的一种重要措施。采用太阳能光伏发电系统或风力发电系统可用于住宅照明、庭院及景观照明、地下车库照明、公共走廊照明、非主要道路照明等。

当采用太阳能光伏发电系统或风力发电系统时，应按国家相关规定，得到相关部门的同意，优先采用并网型系统，有利于降低太阳能光伏发电或风力发电系统造价，增加供电的可靠性和稳定性。当项目采用太阳能光伏发电系统和风力发电系统时，建议采用风光互补发电系统，如此可综合开发和利用风能、太阳能，使太阳能与风能在时间和地域上的互补性充分发挥作用，便可获得更好的社会经济效益。

近年来，太阳能光伏与建筑相结合（BIPV）应用越来越广泛，太阳能光伏组件幕墙、天窗等围护结构构件，使建筑与光伏发电部件有机地结合为一个整体，因此，在进行太阳能光伏与建筑应用时，必须注重一体化设计，以最合适的发电与围护结构方式利用，以提高性价比。

10.1.3 照明光源、灯具及节能附件具有以下特点，供设计人员参考。

1 光源的选择

1）紧凑型荧光灯具有光效较高、显色性好、体积小巧、结构紧凑、使用方便等优点，是取代白炽灯的理想电光源，适合于为开阔的地方提供分散、亮度较低的照明，可被广泛应用于家庭住宅、旅馆、餐厅、门厅、走廊等场所。

2）在室内照明设计时，应优先采用显色指数高、光效高的稀土三基色荧光灯，可广泛应用于大面积区域分散均匀的照明，如办公室、学校、居所、工厂等。

3）金属卤化物灯具有定向性好、显色能力非常强、发光效率高、使用寿命长、可使用小型照明设备等优点，但其价格昂贵，故一般用于分散或者光束较宽的照明，如层高较高的办公室照明、对色温要求较高的商品照明、要求较高的学校和工厂、户外场所等。

4）高压钠灯具有定向性好、发光效率极高、使用寿命很长等优点，但其显色能力很差，故可用于分散或者光束较宽、且光线颜色无关紧要的照明，如户外场所、工厂、仓库，以及内部和外部的泛光照明。

5）发光二极管(LED)发光效率较低但寿命特别长，适合在低功率的设备上使用，

2　高效灯具的选择

1）在满足眩光限制和配光要求的情况下，应选用高效率灯具，灯具效率不应低于《建筑照明设计标准》GB－50034中有关规定。

2）应根据不同场所和不同的室空间比 RCR，合理选择灯具的配光曲线，从而使尽量多的直射光通落到工作面上，以提高灯具的利用系数。由于在设计中 RCR 为定值，当利用系数较低（0.5）时，应调换不同配光的灯具。

3）在保证光质的条件下，首选不带附件的灯具，并应尽量选用开启式灯罩。

4）选用对灯具的反射面、漫射面、保护罩、格栅材料和表面处理等进行处理的灯具，以提高灯具的光通维持率。如涂二氧化硅保护膜及防尘密封式灯具、反射器采用真空镀铝工艺、反射板选用蒸镀银反射材料和光学多层膜反射材料等，可保持灯具在运行期间光通量降低较少。

5）尽量使装饰性灯具功能化。

3　灯具附属装置选择

1）自镇流荧光灯应配用电子镇流器。

2）直管形荧光灯应配用电子镇流器或节能型电感镇流器。

3）高压钠灯、金属卤化物灯等应配用节能型电感镇流器。在电压偏差较大的场所，宜配用恒功率镇流器；功率较小

者可配用电子镇流器。

4）荧光灯或高强度气体放电灯应采用就地电容补偿，使其功率因数达 0.9 以上。

10.2 供配电系统

10.2.2 三相不平衡或单相配电的供配电系统，采用分相无功自动补偿是解决过补偿或欠补偿的有效方法。在民用建筑中，由于大量使用了单相负荷，如照明、办公用电设备等，其负荷变化随机性很大，容易造成三相负载的不平衡，即使设计时努力做到三相平衡，在运行时也会产生差异较大的三相不平衡，因此，作为绿色建筑的供配电系统设计，宜采用分相无功自动补偿装置，否则不但不节能，反而浪费资源，而且难以对系统的无功补偿进行有效补偿，补偿过程中所产生的过、欠补偿等弊端更是对整个电网的正常运行带来了严重的危害。

10.2.3 采用高次谐波抑制和治理的措施可以减少电气污染和电力系统的无功损耗，并可提高电能使用效率。但目前还未有国家标准，地方标准有北京市地方标准《建筑物供配电系统谐波抑制设计规程》DBJ/T 11 - 626 及上海市地方标准《公共建筑电磁兼容设计规范》DG/TJ 08 - 1104。因此，有关的谐波限值、谐波抑制、谐波治理可参考以上标准执行。

10.3 照 明

10.3.1 在照明设计时，应根据照明部位的自然环境条件，结合自然采光与人工照明的灯光布置形式，合理选择照明控制模式。

在技术经济条件许可的情况下，为了灵活地控制和管理照明系统，结合人工照明与自然采光设施，宜设置智能照明控制系统以提高建筑品质，同时达到节约电能目的。如当室内自然采光随着室外自然光的强弱变化时，室内的人工照明应按照人工照明的照度标准，利用光传感器自动关掉/开启或调暗/亮一部分灯，这样做不仅有利于节约能源和照明电费，还能提高室内环境品质。

10.3.2 选择合理的照度指标是照明设计的前提和基础。在《建筑照明设计标准》GB 50034 中，对居住建筑、公共建筑、工业建筑及公共场所的照度指标分别作了详细的规定，同时规定可根据实际需要提高或者降低一级照度标准值。因此，在照明设计中，我们应首先根据各房间或场合的使用功能需求来选择合理的照度指标，同时还应根据项目的实际定位进行调整。此外，对于照度指标要求较高的房间或场所，在经济条件允许的情况下，宜采用一般照明和局部照明相结合的方式。由于局部照明可根据需求进行灵活开关控制，从而可进一步减少能源的浪费。

10.3.4 在《建筑照明设计标准》GB 50034 中规定，长期工作或停留的房间或场所，照明光源的显色指数（Ra）不宜小于80。《建筑照明设计标准》GB 50034 中的显色指数（Ra）值是参照 CIE 标准《室内工作场所照明》S008/E – 2001 制定的，而且当前的光源和灯具产品也具备这种条件。作为绿色建筑，我们应更加关注室内照明环境的质量。此外，在《绿色建筑评价标准》GB/T 50378 中，建筑室内照度、统一眩光值、一般显示指数等指标应满足现行国家标准《建筑照明设计标准》

GB 50034 中有关要求是作为公共建筑绿色建筑评价的控制项条款来衡量的。因此，我们将《建筑照明设计标准》GB 50034中规定的"宜"改为"应"，以体现绿色建筑对室内照明质量的重视。

10.3.5 在《建筑照明设计标准》GB 50034 中，提出 LPD 要求不超过限定值的要求，同时提出了 LPD 的目标值，此目标值可能在几年之后要实行，因此，作为绿色建筑，宜满足《建筑照明设计标准》GB 50034 规定的目标值要求。

10.4 电气设备节能

10.4.1 作为绿色建筑，所选择的油浸或干式变压器不应局限于满足《三相配电变压器能效限定值及能效等级》GB 20052 里规定的能效限定值，还应达到目标能效限定值。同时，在项目资金允许的条件下，亦可采用非晶合金铁心型低损耗变压器。

10.4.2 配电变压器应选用 D,yn11 结线组别的变压器可缓解三相负荷不平衡问题。

10.4.3 乘客电梯宜选用永磁同步电机驱动的无齿轮曳引机，采用调频调压（VVVF）控制技术和微机控制技术，且在资金充足的情况下，宜采用"能量再生"电梯。

对于自动扶梯与自动人行道，当电动机在重载、轻载、空载的情况下均能自动获得与之相适应的电压、电流输入，保证电动机输出功率与扶梯实际载荷始终得到最佳匹配，以达到节电运行的目的。

感应探测器包括红外、运动传感器等。当自动扶梯与自动人行道在全线各段空载时，电梯可暂停或低速运行，当红外或运动传感器探测到目标时，自动扶梯与自动人行道转为正常工作状态。

10.4.4 群控功能的实施，可提高电梯调度的灵活性，减少乘客等候时间，并可达到节约能源的目的。

10.5 计量与智能化

10.5.1 作为绿色建筑，针对建筑的功能、归属等情况，对照明、电梯、空调、给排水等系统的用电能耗宜采取分区、分项计量的方式，对照明除进行分项计量外，还宜进行分区或分层、分户的计量，这些计量数据可为将来运营管理时按表进行收费提供可行性，同时，还可为专用软件进行能耗的监测、统计和分析提供基础数据。

10.5.2 一般来说，计量装置应集中设置在电气小间或公共区等场所。当受到建筑条件限制时，分散的计量装置将不利于收集数据，因此采用卡式表具或集中远程抄表系统能减轻管理人员的抄表的工作。

10.5.3 在《绿色建筑评价标准》GB/T 50378中，"建筑通风、空调、照明等设备自动化监控系统技术合理，系统高效运行"作为一般项要求。因此，当公共建筑中设置有空调机组、新风机组等中央空调系统时，应设置建筑设备监控管理系统，以最大化地实现绿色建筑中利用资源、管理灵活、应用方便、安全舒适等要求，并可达到节约能源的目的。

10.5.4 在条件许可时,公共建筑宜设置建筑设备能源管理系统，如此可利用专用软件对以上分项计量数据进行能耗的监测、统计和分析,以最大化地利用资源、最大限度地减少能源消耗。同时,可减少管理人员配置。此外,在《民用建筑节能设计标准》JGJ 26 – 95 第 5.2.10 条要其对锅炉房、热力站及每个独立的建筑物入口设置总电表,若每个独立的建筑物入口设置总电表较困难时,应按照照明、动力等设置分项总电表。

11 太阳能利用

11.1 一般规定

11.1.1 被动太阳房是冬季采暖最简单、最有效的一种形式。尤其在川西冬季太阳能丰富的地区，只要建筑围护结构进行一定的保温节能改造，被动太阳房完全可以达到室内热环境所要求的基本标准。如西昌、甘孜等地南向房外墙采用直接受益式被动太阳房，冬季室温可提高 5~8 ℃，如巴塘、九龙部分地区凌晨 6:00 时室外气温 −6 ℃时，室温仍可达到 10 ℃。所以，应优先考虑被动太阳房冬季采暖。由于被动太阳房在阴天和夜间不能保证稳定的室内温度，遮阳也会减少了进入房间的热量，而且房间的朝向也限制了被动太阳房的广泛采用。因此，采用其他主动式采暖系统进行辅助采暖。

11.1.2 太阳能采暖集热方式的确定应根据这一地区的气候、能源、技术经济条件及管理维护水平来确定。被动式太阳能采暖方式应根据房间的使用性质选择适宜的集热方式。对主要在白天使用的房间，宜选用直接受益窗或附加阳光间式。对于以夜间使用为主的房间，宜选用具有较大蓄热能力的集热蓄热墙式。应避免周围环境对南窗的遮挡，合理确定窗格的划分、窗扇的开启方式与开启方向，减少窗框与窗扇的遮挡。

11.3 主动式太阳能利用

11.3.1 太阳能热水系统设计按供热水范围可分为：集中供热水系统、集中-分散供热水系统、分散供热水系统；按系统运行方式可分为：自然循环系统、强制循环系统、直流式系统；按生活热水与集热器内传热工质的关系可分为直接系统、间接系统；按辅助能源设备安装位置可分为内置加热系统、外置加热系统；按辅助能源启动方式可分为全日自动启动系统、定时自动启动系统、按需手动启动系统。

11.3.3 本条规定了太阳能热水系统在热工性能和耐久性能方面的技术要求。热工性能强调了应满足相关太阳能产品国家标准中规定的热性能要求。

太阳能产品的现有国家标准包括：

《平板型太阳集热器技术条件》GB/T 6424；

《全玻璃真空太阳能集热管》GB/T 17049；

《真空管太阳集热器》GB/T 17581；

《太阳热水系统设计、安装及工程验收技术规范》GB/T 18713；

《家用太阳热水系统技术条件》GB/T 19141。

太阳能热水系统设备的生产供应单位应保证所提供设备的质量，并提高售后服务水平。向用户承诺的设备保修期不应少于 3 年，使用年限不应少于 15 年，提供终身上门维修服务。保修年限内非用户责任、非不可抗力造成的设备损坏应当由设备供应单位免费维修或更换。

11.3.4 研究表明，在倾斜角在 0～50°下，灰尘的影响可能高达 5%。由于集热器的不清洁，集热器性能下降约 1%，建议用一个因子（$1-d$）来修正吸收的辐射，d 一般取 0.02，用以考虑灰尘的影响。

11.3.5 太阳能辅助加热能源的选择应优先考虑节能和环保因素，经技术经济比较后确定，宜重视废热、余热的利用。设置太阳能集中储热系统时，不应采用集中电辅热方式。

11.3.6 为实现精细化管理，掌握太阳能实际供热量，以及太阳能热水系统用水量，设立本条。

11.3.7 太阳能热水系统应通过自控系统的设计，提高太阳能的使用率，降低电、燃气等常规能源的使用，达到节能环保的目的。太阳能热水系统中辅助热源的控制应在保证充分利用太阳能集热量的条件下，根据不同的热水供水方式采用手动控制、全日自动控制或定时自动控制。

11.3.8 《民用建筑太阳能光伏系统应用技术规范》JGJ 203 适用于新建、改建和扩建的民用建筑光伏系统工程，以及在既有民用建筑上安装或改造已安装的光伏系统工程的设计、安装、验收和运行维护，因此设立本条。

11.3.9 并网光伏系统除满足现行国家标准《光伏系统并网技术要求》GB/T 19939 的相关规定外，还应经供电局的批准。光伏系统并网后，一旦公共电网或光伏系统本身出现异常或处于检修状态时，两系统之间如果没有可靠的脱离，可能对电力系统或人身安全带来影响或危害。并网保护功能和装置同样也是为了保障人员和设备安全。

11.3.10 为提升管理水平，在技术经济条件合理前提下建议考虑远程数据采集与控制系统。